aus der Reihe:

Innovationen mit Mikrowellen und Licht

Forschungsberichte aus dem Ferdinand-Braun-Institut
Leibniz-Institut für Höchstfrequenztechnik

Band 29

Martin Spreemann

Resonatorkonzepte für Hochleistungs-Diodenlaser
mit ausgedehnten lateralen Dimensionen

Herausgeber: Prof. Dr. Günther Tränkle, Prof. Dr.-Ing. Wolfgang Heinrich

Ferdinand-Braun-Institut
Leibniz-Institut
für Höchstfrequenztechnik (FBH)
Gustav-Kirchhoff-Straße 4
12489 Berlin

Tel. +49.30.6392-2600
Fax +49.30.6392-2602

E-Mail fbh@fbh-berlin.de
Web www.fbh-berlin.de

Innovationen mit Mikrowellen und Licht

Forschungsberichte aus dem Ferdinand-Braun-Institut, Leibniz-Institut für Höchstfrequenztechnik

Vorwort der Herausgeber

Neue Ideen, Entwicklungen und Konzepte aus der Forschung sind die Basis von Fortschritt und Wettbewerbsfähigkeit. Als Inventionen erweitern sie den Stand des Wissens und der Technik, als innovative Produkte und Dienstleistungen schließlich findet ein Teil von ihnen Eingang in unsere Alltagswelt.

In diesem Sinne dokumentiert die Reihe *„Forschungsberichte aus dem Ferdinand-Braun-Institut, Leibniz-Institut für Höchstfrequenztechnik“* aktuelle Forschungen und Entwicklungen aus dem Institut. Wir möchten Ihnen diese Ergebnisse zugänglich machen und zur weiteren Diskussion anregen – nicht zuletzt, damit möglichst viele Entwicklungen zu einem Teil unseres Alltags werden.

Der vorliegende Beitrag behandelt theoretische und experimentelle Untersuchungen neuartiger Resonatorkonzepte von Halbleiterlasern auf Galliumarsenid-Basis. Die Ergebnisse helfen, die Faktoren besser zu verstehen, die die Strahlqualität von Hochleistungsdiodenlasern begrenzen. Dies ist die Voraussetzung, um die Brillanz von Diodenlasern weiter zu steigern.

Eine anregende Lektüre wünschen

Prof. Dr. Günther Tränkle
Direktor

Prof. Dr.-Ing. Wolfgang Heinrich
stellvertretender Direktor

Das Ferdinand-Braun-Institut

Das Ferdinand-Braun-Institut erforscht elektronische und optische Komponenten, Module und Systeme auf der Basis von Verbindungshalbleitern. Diese sind Schlüsselbausteine für Innovationen in den gesellschaftlichen Bedarfsfeldern Kommunikation, Energie, Gesundheit und Mobilität. Leistungsstarke und hochbrillante Diodenlaser, UV-Leuchtdioden und hybride Lasersysteme entwickelt das Institut vom sichtbaren bis zum ultravioletten Spektralbereich. Die Anwendungsfelder reichen von der Medizintechnik, Präzisionsmesstechnik und Sensorik bis hin zur optischen Satellitenkommunikation. In der Mikrowellentechnik realisiert das FBH hocheffiziente, multifunktionale Verstärker und Schaltungen, unter anderem für energieeffiziente Mobilfunksysteme und Komponenten zur Erhöhung der Kfz-Fahrsicherheit. Kompakte atmosphärische Mikrowellenplasmaquellen mit Niederspannungsversorgung entwickelt es für medizinische Anwendungen, etwa zur Behandlung von Hauterkrankungen.

Das FBH ist ein international anerkanntes Zentrum für III/V-Verbindungshalbleiter mit allen Kompetenzen: vom Entwurf, über die Fertigung bis hin zur Charakterisierung von Bauelementen.

Seine Forschungsergebnisse setzt das FBH in enger Zusammenarbeit mit der Industrie um und transferiert innovative Produktideen und Technologien erfolgreich durch Spin-offs. In strategischen Partnerschaften mit der Industrie sichert es in der Höchstfrequenztechnik die technologische Kompetenz Deutschlands.

Resonatorkonzepte für Hochleistungs-Diodenlaser mit ausgedehnten lateralen Dimensionen

vorgelegt von
Dipl.-Phys. Martin Spreemann
aus
Kyritz

von der Fakultät IV - Elektrotechnik und Informatik der
Technischen Universität Berlin
zur Erlangung des akademischen Grades
Doktor der Naturwissenschaften
- Dr. rer. nat.-

genehmigte Dissertation

Promotionsausschuss:

Vorsitzender: Prof. Dr.-Ing. W. Heinrich
Berichter: Prof. Dr. rer. nat. G. Tränkle
Berichter: Prof. Dr. rer. nat. R. Menzel

Tag der wissenschaftlichen Aussprache: 10. Juli 2013

Berlin 2013
D 83

Bibliografische Information der Deutschen Nationalbibliothek
Die Deutsche Nationalbibliothek verzeichnet diese Publikation in der Deutschen Nationalbibliografie; detaillierte bibliografische Daten sind im Internet über http://dnb.d-nb.de abrufbar.
1. Aufl. - Göttingen : Cuvillier, 2014
Zugl.: (TU) Berlin, Univ., Diss., 2013

978-3-95404-628-7

Nonnenstieg 8, 37075 Göttingen
Telefon: 0551-54724-0
Telefax: 0551-54724-21
www.cuvillier.de

1. Auflage, 2014
Gedruckt auf umweltfreundlichem, säurefreiem Papier aus nachhaltiger Forstwirtschaft.

978-3-95404-628-7

Abstract

This work investigates resonator designs for high-power diode-lasers with very large lateral dimensions that emit in the spectral range around 1060 nm.

In the first part of the work, gain-guided laser arrays with 400 μm total aperture width are investigated from threshold to high-optical output power levels of $P > 50$ W. It is shown that the lateral coupling of the single emitters within the array is reducesd with increasing power by thermal rise of the refractive index. At sufficiently high power levels, the single emitters within the array become de-coupled and the emitted light is the incoherent superposition of the single emitters individual emission, whereas the overall beam properties are noticeable degraded by higher order lateral modes of the single emitters.

In the second part of the work, a novel approach on unstable resonator configurations, formed by Bragg-reflectors of finite width, is developed and experimentally approved. Configurations with a geometry-dependent equivalent Fresnel-number $N_{\text{eq}} \approx 1$ show in simulations an increased discrimination of higher order resonator modes and in experimental measurements a minimal beam parameter M^2. The optical intensity distribution inside the unstable resonator is inhomogeneous which leads, with increasing power levels, to spatial hole-burning in the carrier density distribution and to self-focussing of the light. These effects are shown to lead to a geometry-independent degradation of the beam parameter M^2 at higher power levels.

Zusammenfassung

Die vorliegende Arbeit behandelt Resonatorkonzepte für Hochleistungsdiodenlaser mit ausgedehnten lateralen Dimensionen im Wellenlängenbereich um 1060 nm.

Im ersten Teil der Arbeit werden gewinngeführte Laser-Arrays mit 400 μm lateraler Aperturbreite und Ausgangsleistungen von über 50 W im Quasi-CW Betrieb untersucht. Es wird gezeigt, dass mit steigender Ausgangsleistung die Kopplung der einzelnen Emitter durch die thermische Brechzahlerhöhung abnimmt. Bei hohen Leistungen ist das vom Array abgestrahlte Licht die inkohärente Überlagerung der Abstrahlungen der einzelnen Emitter, wobei die lateralen Obermoden der einzelnen Streifen die Abstrahlcharakteristik des Arrays maßgeblich verschlechtern.

Im zweiten Teil der Arbeit wird ein vollkommen neuer Ansatz zur Verringerung der Strahldegeneration bei lateraler Skalierung entwickelt und experimentell erprobt. Er basiert auf einer instabilen Resonatorkonfiguration, welche durch Bragg-Reflektoren im Laserchip erzeugt wird. Für Resonatorgeometrien mit einer äquivalenten Fresnelzahl von $N_{\mathrm{eq}} \approx 1$ wird in Simulationen eine Diskriminierung höherer Moden und experimentell eine minimale Beugungsmaßzahl des abgestrahlten Lichts nachgewiesen. Mit steigender Ausgangsleistung bewirkt die stark inhomogene laterale Intensitätsverteilung im Resonator jedoch räumliches Lochbrennen in der Ladungsträgerverteilung und eine Selbstfokussierung des Lichts. Dieser Effekt führt geometrieunabhängig zur Degradation der Beugungsmaßzahl mit steigender Ausgangsleistung.

Inhaltsverzeichnis

Einleitung und Übersicht

Diodenlaser zeichnen sich gegenüber anderen Laserstrahlquellen durch eine hohe Konversionseffizienz von elektrischer in optische Leistung sowie der Möglichkeit einer preiswerten Massenproduktion aus. Abhängig von der vorgesehenen Anwendung muss eine Strahlquelle jedoch auch spezifische Anforderungen an Leistung, spektrale Bandbreite und Abstrahlcharakteristik erfüllen. Der größte Markt für Lasertechnologie ist die Materialbearbeitung [1]. Der Schlüssel, um CO_2-Laser und diodengepumpte Festkörperlaser dabei in Teilbereichen durch Diodenlasersysteme zu ersetzen ist einerseits die Erhöhung der Ausgangsleistung, andererseits die Verbesserung der Abstrahlcharakteristik der einzelnen Emitter des Diodenlasersystems. Derart verbesserte Emitter sind auch für die Entwicklung kompakterer und effizienterer diodengepumpter Lasersysteme relevant.

Die Leistung von Diodenlasern im Dauerstrich oder Quasi-Dauerstrichbetrieb wird vor allem durch die Zerstörung der Facetten und den nichtlinearen Effekt der thermischen Gewinnreduktion, sog. thermisches Überrollen der Leistung-Strom-Kennlinie, begrenzt [2].

Die Länge eines Lasers und sein thermischer Widerstand sind antiproportional [3]. Somit reduziert sich bei konstanter dissipierter Leistung auch die Erwärmung mit zunehmender Laserlänge. Die mögliche Leistungsskalierung mit der Laserlänge ist bei kantenemittierenden Lasern jedoch begrenzt. Für Laserlängen L, größer als die von den internen Absorptionsverlusten α_i bestimmte Absorptionslänge $1/\alpha_i$, sättigt die erzielbare Ausgangsleistung und lässt sich bei weiterer Verlängerung nicht weiter steigern. Sinnvolle Längen für GaAs basierte Diodenlaser liegen im Bereich $L < 1$ cm [4].

Andererseits kann die Ausgangsleistung von Diodenlasern auch durch die Skalierung der Laserbreite erhöht werden. Ein für viele Anwendungen bedeutender Punkt ist dabei jedoch die Auswirkung auf die Feldverteilung im Laserresonator und die

Strahlcharakteristik des emittierten Laserstrahls. Aufgrund des gleichzeitigen Anschwingens höherer lateraler Modenordnungen und der Selbstfokussierung des Lichts durch lokale Sättigung der Ladungsträgerdichte (Filamentierung) nimmt die Fokussierbarkeit des Laserstrahls mit zunehmender Streifenbreite stark ab [5–11]. Je nach Anwendung ist dadurch die laterale Ausdehnung von streifenförmigen Diodenlasern auf wenige Mikrometer für optimale, beugungsbegrenzte Strahleigenschaften [12] oder einige zehn- bis hundert Mikrometer mit entsprechend schlechteren Strahleigenschaften begrenzt [13].

Jedoch ist auch die Ausgangsleistung mit der Streifenbreite nicht beliebig steigerbar. Bei Streifenbreiten von einigen hundert Mikrometern kann es zur Ausbildung von sog. Ringmoden kommen. Diese breiten sich nicht-paraxial im Laserchip aus und werden nicht nur an Front- und Rückfacette sondern auch an den seitlichen Facetten reflektiert. Ringmoden können durch Streulicht, das durch die Oberseite des Laserchips austritt, nachgewiesen werden. Ihr Anschwingen ist mit einem starken Abfall der Ausgangsleistung verbunden [14].

Eine Möglichkeit Ringmoden zu unterdrücken ist die Unterteilung des Breitstreifenlasers in eine Vielzahl schmalerer Einzelstreifen mit geringem Abstand zueinander. Die Abstrahlcharakteristik solcher Laser-Arrays ist maßgeblich von der Kopplung der einzelnen Emitter untereinander abhängig. In den 80'er und 90'er Jahren wurden Arrays mit unterschiedlichsten Kopplungskonzepten intensiv untersucht [4, 15]. Das Hauptaugenmerk lag dabei auf der gegenphasigen Kopplung der Emitter und kohärenter Abstrahlung in nur eine Fernfeldkeule. Die Ausgangsleistung der Arrays betrug damals jedoch nur wenige Watt.

Seitdem ist die erzielbare Ausgangsleistung aufgrund technologischer Fortschritte auf $P > 50\,\mathrm{W}$ deutlich angestiegen [16]. Für viele Anwendungen in diesem Leistungsbereich, wie z.B. das Pumpen von Scheibenlasern mittels Multimodefasern großer Durchmesser, ist eine vollständig kohärente Abstrahlung nicht erforderlich. Die Untersuchung der die Emitterkopplung und somit die Abstrahlcharakteristik bestimmenden physikalischen Effekte von Laserdioden-Arrays im Hochleistungsbereich ist ein Kernthema dieser Dissertation. Dafür werden leistungsabhängig die experimentell bestimmten Kohärenzeigenschaften des abgestrahlten Lichts mit numerischen Simulationen der optischen Feldstruktur verglichen.

Neben der Untersuchung dieses etablierten Resonatorkonzepts für Hochleistungsdiodenlaser wurde im Rahmen der Dissertation jedoch auch ein vollkommen neuer

Ansatz zur Verringerung der Strahldegeneration bei lateraler Skalierung entwickelt und experimentell erprobt. Er basiert auf einer instabilen Resonatorkonfiguration, welche durch Bragg Reflektoren im Laserchip erzeugt wird.

Instabile Resonatorkonfigurationen werden bei Gas- und Festkörperlasern erfolgreich eingesetzt. Sie erzeugen zwar keinen Gaußstrahl, bieten aber ein großes Modenvolumen sowie eine gute Unterdrückung höherer transversaler Moden [17], was sie für Hochleistungslaser prädestiniert. Die Begrenzung der divergenten Strahlausbreitung durch finite Resonatorspiegel oder Blenden ist ein charakteristisches Merkmal von instabilen Resonatoren und ursächlich für die genannten Eigenschaften. Der in dieser Arbeit entwickelte Finite Aperture Tapered Unstable Resonator Laser (FATURL) weist dafür zwei planare Bragg-Gitter mit stark unterschiedlicher lateraler Ausdehnung auf. Die Funktionalität dieses Konzeptes wird anhand numerischer Simulationen von Modellen mit steigender Komplexität sowie experimentellen Messungen untersucht.

Das Resonatorkonzept unterscheidet sich deutlich von den bisher bei Diodenlasern verwendeten instabilen Resonatorkonfigurationen. Diese lassen sich in Resonatoren mit gekrümmten Reflektoren (gekrümmte Facetten oder Bragg-Gitter) [18–22] und Trapezlaser, bei denen ein Rippenwellenleiter die laterale Modenfilterung übernimmt [23], unterschieden. Mit gekrümmten Reflektoren wurden zwar Verbesserungen der Strahlqualität im Vergleich zu Breitstreifenlasern bei Injektionsströmen nahe der Laserschwelle nachgewiesen, Ergebnisse für höhere Ausgangsleistungen über 2 W wurden jedoch nicht publiziert. Mit Trapezlasern konnten Leistungen um $P = 10\,\mathrm{W}$ erreicht werden [24]. In diesem Leistungsbereich verschlechtert sich jedoch die bei kleineren Leistungen nahezu beugungsbegrenzte Fokussierbarkeit deutlich. Die neuentwickelten FATURL haben im Vergleich zu Trapezlasern gleicher Länge ein wesentlich größeres Modenvolumen. Sie sind für Anwendungen, die Ausgangsleistungen von wesentlich mehr als 10 W erfordern gedacht.

Als Grundlage für das Verständnis der beiden Forschungsschwerpunkte dieser Arbeit werden in Kapitel 1 die theoretischen Grundlagen zur Beschreibung und Simulation der Lichtausbreitung in Diodenlaser-Resonatoren und in Kapitel 2 die der Strahlcharakterisierung zugrundeliegenden Konzepte und Methoden zusammengefasst.

Kapitel 1

Grundlagen und Simulation der Lichtausbreitung in Diodenlaser-Resonatoren

In diesem Kapitel werden zuerst die theoretischen Grundlagen der Lichtausbreitung in Diodenlasern zusammengefasst. Anschließend wird auf zwei wichtige Sonderfälle der lateralen Wellenleitung eingegangen. Ausgehend davon werden die Eigenschaften der optischen Moden von Resonatoren mit lateraler Wellenführung sowie offenen Resonatoren abgeleitet. Für Letztere wird eine Unterscheidung in stabile und instabile Resonatoren durchgeführt und ausführlich auf die jeweiligen Charakteristika eingegangen. Abschließend werden die Effekte, welche die Brechzahl in Diodenlaser-Resonatoren bestimmen sowie deren Größenordnung, genannt.

Die Basis für die Betrachtung der Lichtausbreitung im Diodenlaser bilden die Maxwell Gleichungen im Medium

$$\mathrm{rot}\vec{E} = \frac{\partial \vec{B}}{\partial t}, \quad \mathrm{rot}\vec{H} = \vec{j} + \frac{\partial \vec{D}}{\partial t}, \quad \mathrm{div}\vec{D} = \rho, \quad \mathrm{div}\vec{B} = 0. \tag{1.1}$$

Dabei ist $\vec{E}$ die elektrische und $\vec{H}$ die magnetische Feldstärke, $\vec{D} = \epsilon_0\vec{E} + \vec{P}$ die dielektrische Verschiebung und $\vec{B} = \mu_0(\vec{H}+\vec{M})$ die magnetische Induktion. $\vec{P}$ ist die Polarisation und $\vec{M}$ die Magnetisierung im Medium. Aus (1.1) ergibt sich unter den Annahmen eines quellenfreien elektrischen Feldes ($\mathrm{div}\,E = 0$) sowie eines homogenen, isotropen, nichtmagnetischen ($\vec{B} = \mu_0\vec{H}$), dielektrischen Mediums ohne Ladungen ($\rho = 0$) und Ströme ($\vec{j} = 0$), die inhomogene Wellengleichung für das elektrische Feld

$$\Delta\vec{E}(\vec{r},t) - \frac{1}{c^2}\frac{\partial^2}{\partial t^2}\vec{E} = \mu_0\frac{\partial^2}{\partial t^2}\vec{P}. \tag{1.2}$$

$c = 1/\sqrt{\epsilon\mu_0}$ ist die Vakuumlichtgeschwindigkeit. Die Polarisation $\vec{P}(\vec{r},t)$ des Mediums zur Zeit t hängt dabei vom elektrischen Feld zu vergangen Zeiten $t - t'$ ab. Mit der Näherung einer linearen Abhängigkeit ergibt sie sich als Faltung aus elektrischem Feld und elektrischer Suszeptibilität $\chi(t - t')$

$$\vec{P}(\vec{r},t) = \int_{-\infty}^{t} \chi(t-t')E(\vec{r},t')dt', \tag{1.3}$$

wobei sich für streng monochromatische Felder

$$\vec{E}(\vec{r},t) = \vec{E}(\vec{r},\omega)e^{i\omega t}, \tag{1.4}$$

aufgrund des Faltungstheorems mit

$$\vec{P}(\vec{r},\omega) = \epsilon_0\chi(\omega)\vec{E}(\vec{r},\omega), \tag{1.5}$$

die Helmholzgleichung

$$\Delta\vec{E}(\vec{r},\omega) + \frac{\omega^2}{c^2}\vec{E}(\vec{r},\omega) = 0 \tag{1.6}$$

ergibt. Brechzahl n, relative Dielektrizitätskonstante ϵ und Suszeptibilität χ, hängen über

$$(1+\chi) = \epsilon/\epsilon_0 = n^2 \tag{1.7}$$

zusammen. Die Näherung einer linearen Abhängigkeit und monochromatischer Felder reicht für die Betrachtung einfacher Effekte der Wellenleitung meist aus. Für weitergehende Untersuchungen wurde in dieser Arbeit die Software WIAS-LASER verwendet. Sie berücksichtigt quasi-monochromatische Felder und nichtlineare Wechselwirkungen von elektrischem Feld und Polarisation. Einzelheiten zu WIAS-LASER sind im Anhang B.2 aufgeführt.

1.1 Laterale Wellenleitung

In Abb. 1.1 sind ein Breitstreifen-Diodenlaser, die Abmessungen des optischen Wellenleiters, die Divergenz der emittierten Laserstrahlung sowie die Bezeichnung der Raumrichtungen schematisch dargestellt. Die Ausbreitung des Lichts erfolgt entlang einer Vorzugsrichtung z, wobei der transversale Wellenleiter eines Breitstreifenlasers

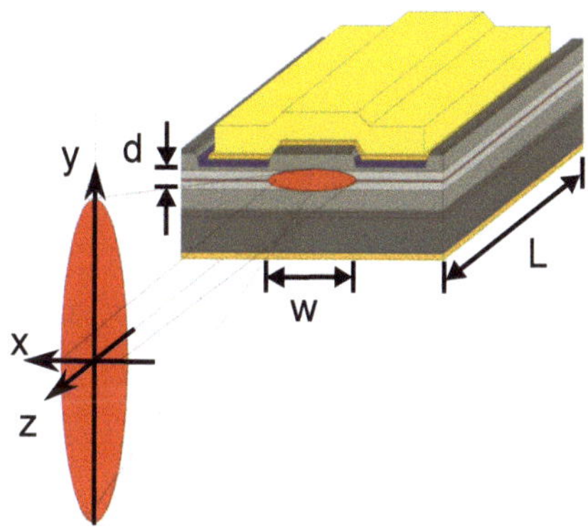

Abb. 1.1: Schematische Darstellung eines Breitstreifen-Diodenlasers, der Divergenz der emittierten Laserstrahlung, der Abmessungen des optischen Wellenleiters und der verwendeten Bezeichnung der Raumrichtungen.

im Allgemeinen in lateraler Richtung x parallel zu den Epitaxieschichten eine wesentlich größere Ausdehnung als in vertikaler Richtung y ($w >> d$) hat. Dieses erlaubt eine getrennte Betrachtung der Wellenleitung in beiden transversalen Dimensionen. So besteht lediglich über einen effektiven Brechungsindex $n_{\text{eff}}(x, z)$ eine parametrische Abhängigkeit der Lösungen in lateraler Richtung von den Lösungen in vertikaler Richtung. Dabei sei $\Phi(y, x, z)$ das Amplitudenprofil der einzigen geführten vertikalen Mode.

Für transversal elektrische (TE) Polarisation in lateraler Richtung $\vec{e_x}$ kann über einen Propagationsfaktor k_z folgender Ansatz zur Separation der schnell mit z variierenden Anteile gewählt werden,

$$\vec{E} = \vec{e_x}\Phi(y, x, z)E^{\pm}(x, z)e^{\mp ik_z z}. \tag{1.8}$$

Für die vor- und rücklaufenden Felder $E^{\pm}$ ergibt sich bei paraxialer Näherung $\partial^2 E^{\pm}/\partial z^2 = 0$ aus (1.6) die paraxiale Helmholzgleichung

$$\frac{\partial^2 E^{\pm}}{\partial x^2} \mp i2k_z \frac{\partial E^{\pm}}{\partial z} + \left(k^2(x, z) - k_z^2\right) E^{\pm} = 0. \tag{1.9}$$

Dabei ist $k(x, z)^2 = n_{\text{eff}}(x, z)^2 \cdot \omega^2/c^2$ über den aus der Ausbreitungskonstante k_v der geführten vertikalen Mode bestimmten effektive Brechungsindex $n_{\text{eff}} = k_v \cdot c/\omega$ definiert. Im Folgenden wird mit n immer der effektive Index bezeichnet. In den nächsten Abschnitten werden zwei für die Beschreibung der Wellenleitung in Diodenlasern wichtige Spezialfälle untersucht.

1.1.1 Wellenleiter mit longitudinal homogenem lateralen Brechzahlprofil

Im Wellenleiter mit longitudinale homogenem Brechzahlprofil $n = n(x)$ sind die Felder translationsinvariant in z-Richtung $\partial E^{\pm}/\partial z = 0$. Somit kann eine Entwicklung in Wellenleitermoden $E_m(x)$ durchgeführt werden

$$E^{\pm}(x,z) = \sum_m E_m(x) a^{\pm}(z). \tag{1.10}$$

Mit $k_0 = \omega/c$ erfüllen die Wellenleitermoden die Gleichung

$$\frac{\partial^2 E_m}{\partial x^2} + \left(k_0^2 n(x) - k_{z,m}^2\right) E_m = 0. \tag{1.11}$$

Diese Gleichung ist analog zur 1-dim. Schrödinger-Gleichung, wobei das Potential durch das laterale Indexprofil $n(x)^2$ und die Eigenwerte durch die Propagationsfaktoren k_z^2 bestimmt sind. Die Eigenfunktionen $E_m(x)$ entsprechen den Wellenleitermoden. Für einen symmetrischen 3-Schicht Wellenleiter aus Wellenleiterkern der Dicke d mit der Brechzahl n_K und Mantel der Brechzahl n_M lässt sie sich die Gleichung leicht analytisch lösen. Mit TE-Randbedingungen ergibt sich als Bedingung für geführte Moden

$$k_0^2 n_M^2 < k_{z,m}^2 < k_0^2 n_K^2, \tag{1.12}$$

wobei für die Feldverteilungen im Wellenleiterkern die Winkelfunktionen

$$E_m(x) = \begin{cases} \cos(k_x x) \\ \sin(k_x x) \end{cases}, (k_x = \sqrt{n_K^2 k_0^2 - k_{z,m}^2} = n_K k_0 \sin(\Theta_m)), \tag{1.13}$$

und außerhalb die abklingende Exponentialfunktionen

$$E_m(x) = a e^{-b(x-d/2)}, (b = \sqrt{k_{z,m}^2 - n_M^2 k_0^2}) \tag{1.14}$$

die Gleichung (1.11) lösen. Der Parameter a sowie die Eigenwerte $k_{z,m}$ ergeben sich aus den Stetigkeitsbedingungen der Feldverteilung sowie deren erster Ortsableitung an den Grenzflächen. Die geführten Moden im Wellenleiterkern können also in jeweils zwei ebene Wellen zerlegt werden, die sich unter den Winkeln $\pm\theta_m$ ausbreiten. Je größer der Indexsprung zwischen Mantel und Kern ist, desto grösser ist der Winkel der Moden die im Wellenleiter geführt werden. Das Modell eines 3-Schicht-Wellenleiters ohne optischen Gewinn reicht für qualitative Abschätzungen oft aus.

Kompliziertere Profile des i. allg. komplexen Brechungsindex erfordern numerische Lösungsverfahren. In dieser Arbeit wurde dafür das im Anhang B.1 beschriebene numerische Werkzeug CAMFR verwendet, mit welchem auch stückweise longitudinal homogene Wellenleiterstrukturen stückweise gelöst und dann über die Kontinuitätsbedingungen der Felder an den Grenzflächen analysiert werden können.

1.1.2 Freiraumpropagation

Bei Freiraumpropagation, d.h. Ausbreitung des Lichts in z-Richtung in einem in lateraler Richtung nicht begrenztem Medium mit homogener Brechzahl, gilt im Differenzterm der paraxialen Helmholzgleichung (1.9) $k(x,z) = k_z$. Die Gleichung vereinfacht sich daher zu

$$\frac{\partial^2 E^\pm}{\partial x^2} \mp i2k\frac{\partial E^\pm}{\partial z} = 0. \tag{1.15}$$

Sie entspricht bei Ersetzung von $(t \leftrightarrow z)$ der zeitabhängigen Diffusionsgleichung bzw. der zeitabhängigen Schrödinger-Gleichung ohne Potential. Bei Kenntnis der lateralen Feldverteilung bei der Position z' ergibt sich die Feldverteilung bei einer Position z

$$E^\pm(x,z) = \int_{-\infty}^{+\infty} E^\pm(x',z') \cdot G^\pm(x,x',z-z')dx' \tag{1.16}$$

über die passende Green'sche Funktion

$$G^\pm(x,x',z-z') = \sqrt{\frac{\pm ik}{2\pi(z-z')}} e^{\mp\frac{ik(x-x')^2}{2(z-z')}}. \tag{1.17}$$

Gleichung (1.16) ist das Fresnel-Kirchhoff'sche Beugungsintegral. Alternativ zur hier skizzierten Herleitung über die Green'sche Funktion der paraxialen Helmholzgleichung kann es auch über die Green'sche Funktion der vollständigen Helmholzgleichung (Kugelwellen im 3-dimensionalen Fall, bzw. Zylinderwellen (Hankel-Funktionen) im 2-dimensonalen Fall) und anschließende paraxiale Näherung erhalten werden. Weiterhin muss beachtet werden, dass bei der Herleitung des Beugungsintegrals der Propagationsfaktor k als reell angenommen wurde. In aktiven Medien ist dieser, aufgrund des imaginären Anteils des komplexen Brechungsindex (siehe Abschnitt 1.4), jedoch ebenfalls komplex. Da jedoch der Realteil der Propagationskonstante um mehrere Größenordnungen größer als der Imaginärteil ist, wird dieser üblicherweise vernachlässigt.

Gauß-Moden

Das Fresnel-Kirchhoff'sche Integral (1.16) lässt sich mit $L = z - z'$ und Substitution

$$u(x', z') \equiv E(x', z')e^{-i\pi x'^2 k/2L} \tag{1.18}$$

über die Fourier-Transformation, des mit einer sphärischen Phase multiplizierten Eingangsfeldes, bestimmen [25]

$$E(x, z) = e^{\frac{-ikx^2}{2L}} \sqrt{\frac{ik}{2\pi L}} e^{ikL} \int u(x', z') e^{\frac{ik}{L}xx'} dx'. \tag{1.19}$$

Da bekanntlich die Fouriertransformierten von Gauß-Funktionen ebenfalls Gauß-Funktionen sind, eignen sich diese als Basis für eine Modenentwicklung bei Freiraumpropagation besonders. In kartesischen Koordinaten bilden die Hermite-Gauß-Funktionen und in Zylinderkoordinaten die Laguerre-Gauß-Funktionen vollständige Sätze an Basisfunktionen. Die Hermite-Gauß Moden der Ordnung n ergeben sich über die hermiteschen Polynome H_n

$$E_n(x, z) = \left(\frac{2}{\pi}\right)^{1/4} \sqrt{\frac{e^{-i(2n+1)\psi(z)}}{2^n n! w(z)}} \times H_n\left(\frac{\sqrt{2}x}{w(z)}\right) e^{-ikz - i\frac{kx^2}{2R(z)} - \frac{x^2}{w^2(z)}}. \tag{1.20}$$

Sie sind durch gaußförmige Intensitätsprofile

$$I(x, z) \propto e^{-\frac{2x^2}{w(z)}} \tag{1.21}$$

gekennzeichnet, wobei die halbe Strahlbreite

$$w(z) = w_0 \sqrt{1 + \frac{z^2}{z_R^2}} \tag{1.22}$$

entlang der Ausbreitungsrichtung, bei $z = 0$ ein Minimum, die Strahltaille mit der halben Taillenbreite

$$w_0 = \sqrt{\frac{\lambda z_R}{\pi}}, \tag{1.23}$$

durchläuft. Beim Durchlauf ändern sich sowohl der Krümmungsradius der Phasenfronten

$$R(z) = z + \frac{z_R^2}{z} \tag{1.24}$$

als auch die Phase entlang der optischen Achse

$$(n + 1/2)\psi(z) - kz, \tag{1.25}$$

wobei

$$\psi(z) = \tan^{-1}\left(\frac{z}{z_R}\right) \tag{1.26}$$

die Phasenretardierung aufgrund des Guoy-Effekts ist. Die Gauß-Moden sind also neben der Modenordnung n, Wellenlänge λ und Strahltailenposition $z = 0$ nur noch über eine weitere Größe, die Rayleigh Länge z_R charakterisiert.

1.2 Resonatoren mit longitudinal homogenem, lateralen Wellenleiter

Viele Arten von Diodenlaser-Resonatoren, z.B. die von Streifenlasern oder Rippenwellenleiterlasern, weisen, bei Vernachlässigung nichtlinearer Effekte (siehe Abschnitt 1.4), ein longitudinal homogenes, laterales Brechzahlprofil auf.

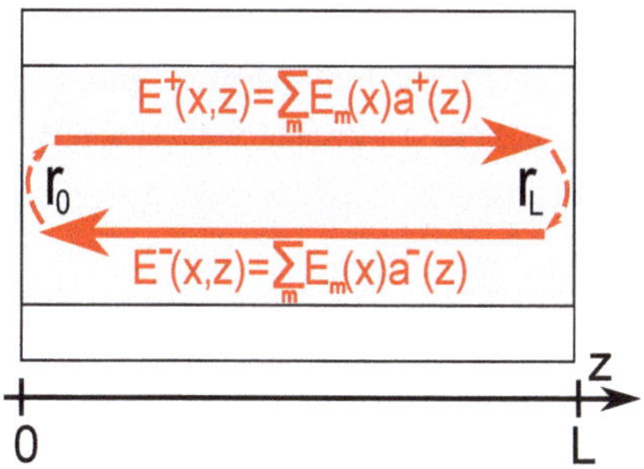

Abb. 1.2: Schematische Darstellung der vor- und rücklaufenden Wellen in einem Resonator mit longitudinal homogenem, lateralen Wellenleiter.

Das elektrische Feld in optischen Resonatoren mit longitudinal homogenem, lateralem Brechzahlprofil $n(x)$ kann, wie in Abschnitt 1.1.1 ausgeführt, in die Moden des lateralen Wellenleiters $E_m(x)$ entwickelt werden

$$E^{\pm}(x,z) = \sum_m E_m(x) a^{\pm}(z). \tag{1.27}$$

Für die Amplituden $a^{\pm}(z)$ folgt dann, mit den Propagationsfaktoren der Wellenleitermoden $k_{z,m}$ aus (1.9), folgende Differentialgleichung

$$0 = \pm\frac{da^{\pm}}{dz} + \frac{i}{2k_z}(k_{z,m}^2 - k_z^2)a^{\pm} \approx \pm\frac{da^{\pm}}{dz} + i(k_{z,m} - k_z)a^{\pm}, \tag{1.28}$$

für welche ein Exponentialansatz

$$a^{\pm}(z) = a_0^{\pm} \cdot e^{-i(k_{z,m}-k_z)\cdot z} \tag{1.29}$$

gewählt wird. Aus den Randbedingungen an den beiden Resonatorspiegeln der Reflektivität r_0 bei $z = 0$ und r_L bei $z = L$

$$a^{+}(0) = r_0 \cdot a^{-}(0) \tag{1.30}$$

$$a^{-}(L) = r_L \cdot a^{+}(L) e^{-i2k_z L} \tag{1.31}$$

folgt die Schwellenbedingung an den Imaginär- und die Phasenbedingung an den Realteil von k_z

$$1 \stackrel{!}{=} r_L r_0 e^{-i2k_z L}. \tag{1.32}$$

Für den Realteil der Summe im Exponentialansatz (1.29) ergibt sich somit

$$\Re(k_{z,m} - k_z) = k_{z,m} - \frac{p\pi}{L}, \tag{1.33}$$

wobei p der ganzzahlige, longitudinale Modenindex ist. In dispersiven Materialen mit wellenlängenabhängigem Brechungsindex $n(\lambda)$ ist der Zusammenhang von Wellenzahl k und Wellenlänge λ

$$\frac{\Delta k}{\Delta\lambda} = -\frac{n(\lambda)2\pi}{\lambda^2} + \frac{n(\lambda)2\pi}{\lambda}\frac{\partial n}{\partial\lambda} = -\frac{2\pi n_g}{\lambda^2} \tag{1.34}$$

vom Gruppenindex n_g abhängig. Der spektrale Abstand zweier Resonatormoden mit gleichem lateralen Modenindex m und um Eins verschiedenem longitudinalen Index p ist somit

$$\lambda_p - \lambda_{p+1} = \frac{\lambda^2}{2Ln_g}, \tag{1.35}$$

der spektrale Abstand von zwei Moden mit gleichem longitudinalem Index und um Eins verschiedenem lateralen Index ist

$$\lambda_m - \lambda_{m+1} = \frac{\lambda^2}{2\pi n_g}(k_{z,m} - k_{z,m+1}) = \frac{\lambda}{n_g}(n_{eff,m} - n_{eff,m+1}). \tag{1.36}$$

Dabei ist $n_{eff,m} = k_{z,m}/k_0$ der effektive Index der Wellenleitermoden.

1.3 Offene Resonatoren

In offenen optischen Resonatoren mit homogener Brechzahl wird der laterale Einschluss des Lichts nicht durch ein laterales Brechzahlprofil, sondern durch die spezielle Form der Resonatorspiegel erreicht. Dabei ändert sich das laterale Feldprofil im Resonator in longitudinaler Richtung kontinuierlich.

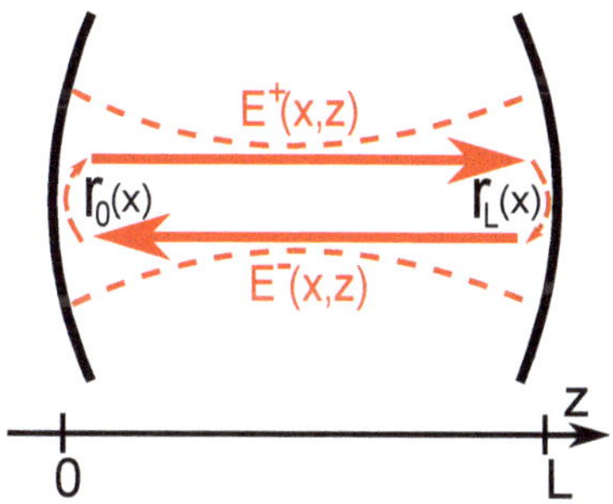

Abb. 1.3: Schematische Darstellung der vor- und rücklaufenden Wellen in einem offenen Resonator mit homogener Brechzahl.

Ausgehend von der vorwärts laufenden Welle $E^+(x, z = L)$ am Auskoppelspiegel bei $z = L$ setzt sich ein Resonatorumlauf wie folgt zusammen. Die rückwärts laufende Welle am Auskoppelspiegel ergibt sich aus der Randbedingung

$$E^-(x, z = L) = r_L(x)E^+(x, z = L), \tag{1.37}$$

wobei der Phasenanteil der komplexen Reflektivitätsfunktion $r_L(x)$ die Krümmung des Spiegels beschreibt. Das rückwärts laufende Feld am rückwärtigen Spiegel ergibt sich, wie in Abschnitt 1.1.2 beschrieben, über den entsprechenden Rückwärts-Propagator $G^-(x, x', z - z')$ (1.17), welcher jedoch identisch mit dem Vorwärts-Propagator G^+ bei Vertauschung der longitudinalen Positionen $z \leftrightarrow z'$ ist

$$E^-(x, z = 0) = \int G^-(x, x', -L)E^-(x', L)dx' = \int G^+(x, x', L)E^-(x', L)dx'. \tag{1.38}$$

Anschließend erfolgt erneute Reflexion

$$E^+(x, z = 0) = r_0(x)E^-(x, z = 0), \tag{1.39}$$

sowie Vorwärts-Propagation

$$E^+(x, L) = \int G^+(x, x', L)E^+(x', 0)dx'. \tag{1.40}$$

Drückt man die Propagationsintegrale in Operatorschreibweise aus

$$P = \int G^{+}(x, x', L) dx', \tag{1.41}$$

so ergibt sich mit dem Umlaufoperator

$$K = P \cdot r_0 \cdot P \cdot r_L \tag{1.42}$$

für den Resonatorumlauf

$$\gamma_n E_n^{+}(x, L) = K E_n^{+}(x, L). \tag{1.43}$$

Die Resonatormoden sind durch Feldverteilungen $E_n^{+}(x, L)$ gekennzeichnet, die sich nach einem Umlauf bis auf den komplexen Propagationsfaktor

$$\gamma_n = e^{-2ik_n L} \tag{1.44}$$

selbst reproduzieren. Die modalen Intensitätsverluste bei einem Resonatorumlauf sind dementsprechend $v_n = 1 - |\gamma_n|^2$.

1.3.1 Stabile und instabile Resonatoren

Offene Resonatoren mit sphärischen Spiegeln sind, vorausgesetzt die Ausdehnung der Spiegel ist groß genug um Beugungseffekte an den Kanten zu vernachlässigen, durch ihre Länge L sowie den Krümmungsradius der Resonatorspiegel $R_{0,L}$ und daraus abgeleitet den sog. Spiegelparametern

$$g_{0,L} = 1 - \frac{L}{R_{0,L}} \tag{1.45}$$

vollständig charakterisiert.

stabile Resonatoren

Wie in Abschnitt 1.1.2 erläutert wurde, bieten sich Gauß-Moden als Basis für die Modenentwicklung bei Freiraumpropagation an. Daher ist es naheliegend, sie auch als Basis für die Entwicklung der Resonatormoden in offenen Resonatoren zu verwenden. Es kann jedoch gezeigt werden, dass sich dabei aus der Eigenwertgleichung (1.43) nur für Resonatoren, bei denen die Spiegelparameter die Bedingung

$$0 \leq g_0 g_L \leq 1 \tag{1.46}$$

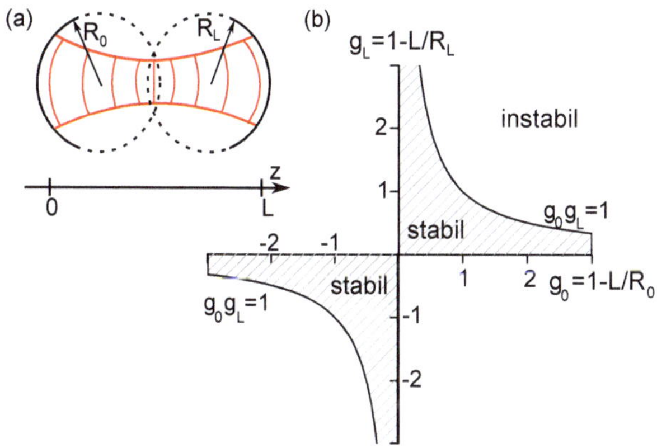

Abb. 1.4: (a) Schematische Darstellung der Anpassung der Krümmungsradien eines stabilen Resonators an die Phasenfronten der Gauß-Moden. (b) Stabilitätsdiagramm für infinite, sphärische, offene Resonatoren.

erfüllen, reelle Lösungen mit begrenzter Ausdehnung ergeben [25–27]. Solche Resonatoren werden als stabil bezeichnet. Wie in Abb. 1.4 (a) schematisch dargestellt, entspricht die Bedingung (1.46) der Anpassung der Spiegelkrümmungen an die sphärische Phasenkrümmung der Gauß-Moden. Sie lässt sich weiterhin in Form des in Abb. 1.4(b) gezeigten Stabilitätsdiagramm darstellen.

instabile Resonatoren

Instabile Resonatoren sind durch Spiegelparameter g gekennzeichnet, die außerhalb des markierten Gebietes im Stabilitätsdiagramm liegen. Während in idealen stabilen Resonatoren mit infiniten Spiegelausdehnungen die Moden nach jedem Umlauf die gleichen lateralen Feldverteilungen und Phasenkrümmungen haben, reproduzieren sich in infiniten instabilen Resonatoren nur die Phasenkrümmungen [17, 28]. Aus geometrischen Betrachtungen [25, 29] folgt, dass es dafür zwei Möglichkeiten gibt. Eine konvergierende Lösung, bei der die Querschnitte von Umlauf zu Umlauf um den Faktor $1/M$ abnehmen und eine divergierende Lösung, bei der die Querschnitte

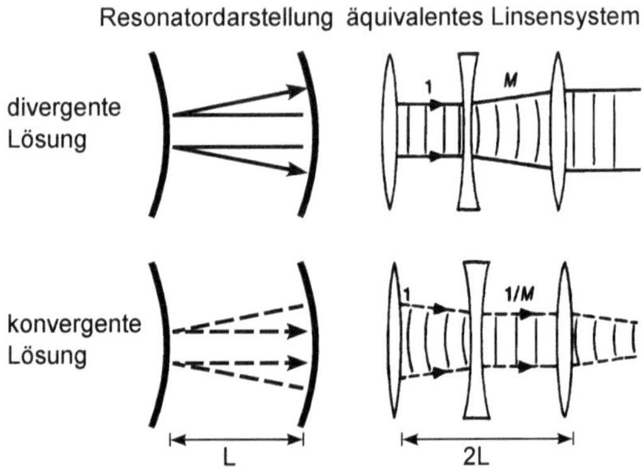

Abb. 1.5: Konvergierende und divergierende geometrische Lösung eines instabilen Resonators in Resonatordarstellung sowie in Darstellung als äquivalentes Linsensystem (Abbildung aus Siegman, „Lasers“ [25]).

um den Faktor M zunehmen. Abb. 1.5 zeigt beide Lösungen im instabilen Resonator in der Darstellung eines äquivalenten Linsensystems, bei dem die Resonatorspiegel durch Linsen mit einer der Spiegel entsprechenden Form und Transmittivität ersetzt werden. In diesem Bild findet die Propagation nur in eine Richtung statt und die Positionen z und $z + 2L$ sind physikalisch äquivalent. Im Falle begrenzter Spiegelausdehnungen ergeben sich jedoch auch in instabilen Resonatoren Moden mit sich reproduzierenden Feldverteilungen. Auf diese wird im nächsten Kapitel näher eingegangen.

Abhängig vom Lasermedium bieten sich entweder stabile oder instabile Resonatorkonfigurationen an. Stabile Resonatoren zeichnen sich durch ein kleines Modenvolumen und geringe Beugungsverluste der Resonatormoden aus, wobei sich die Verluste der einzelnen Resonatormoden nur wenig unterscheiden. Sie eignen sich besonders gut für Laser mit aktiven Medien mit geringer optischer Verstärkung. Instabile Resonatoren zeichnen sich im Allgemeinen durch ein großes Modenvolumen aus, wobei sich die Verluste der i. Allg. nicht-gaußförmigen Resonatormoden stark unterscheiden können [17]. Solche Resonatoren eigenen sich gut für aktive Medien mit hoher optischer Verstärkung wie z.B. Diodenlaser.

1.3.2 Resonatoren mit finiten Spiegelausdehnungen

Spiegelausdehnungen, die so klein im Vergleich zur lateralen Ausdehnung des optischen Feldes sind, dass Beugungseffekte an den Kanten auftreten, werden als finit bezeichnet. Die Fresnelzahl

$$N_f = \frac{a^2}{L\lambda} \tag{1.47}$$

ist eine zur Charakterisierung von Resonatoren mit finiten Spiegeln oft verwendete Größe. Sie beschreibt in halben Wellenlängen den Weglängenunterschied zwischen einem Punkt auf der optischen Achse im Abstand L zum Zentrum, sowie zur Kante einer Blende der Breite $2a$.

Für Resonatoren mit finiten Spiegelausdehnungen ist eine geometrisch-optische Betrachtung nicht mehr ausreichend. Vielmehr muss die Eigenwertgleichung (1.43) numerisch gelöst werden. Solche Rechnungen wurden zuerst von Fox und Li [30] durchgeführt und haben sich seitdem vielfach bei der Analyse von optischen Resonatoren bewährt [28, 31, 32].

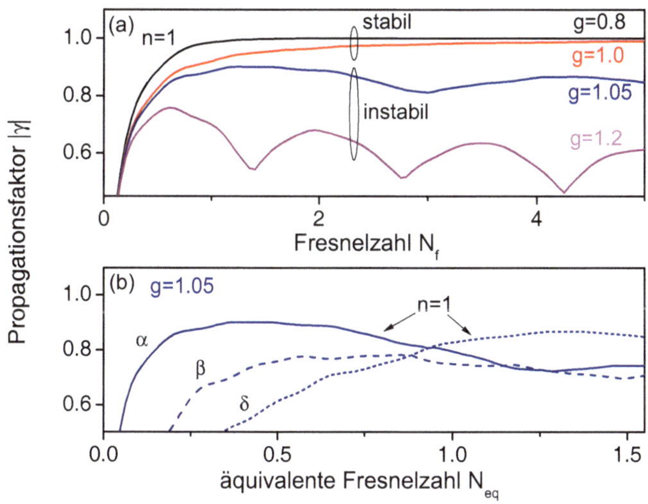

Abb. 1.6: Ergebnisse von numerischen Resonatorsimulationen. (a) Propagationsfaktoren der Grundmode als Funktion der Fresnelzahl für verschiedene Spiegelparameter g. (b) Propagationsfaktoren der 3 Moden mit den geringsten Verlusten als Funktion der äquivalenten Fresnelzahl für einen instabilen Resonator mit $g = 1.05$.

Der Durchgang durch eine Apertur der Breite d wird dabei im Umlaufoperator (1.42) durch die Funktion

$$A(x) = \begin{cases} 1 & x \in d \\ 0 & x \notin d \end{cases} \tag{1.48}$$

ausgedrückt.

Abb. 1.6 (a) zeigt als Ergebnisse von Simulationen die Änderung der Propagationsfaktoren der Grundmode mit der Fresnelzahl für verschiedene Spiegelparameter g. Einzelheiten zur numerischen Simulation sind im Anhang B.3 aufgeführt.

Fox und Li [30] waren die ersten, die bemerkten, dass die Abhängigkeit der Propagationsfaktoren bzw. modalen Verluste von der Fresnelzahl sich beim Übergang vom stabilen zum instabilen Bereich des Stabilitätsdiagramms (Abb. 1.4(b)) dramatisch ändert. Anstatt monoton mit N_f anzuwachsen und gegen Eins zu streben, schwanken die Propagationsfaktoren periodisch mit der Fresnelzahl.

Wie im letzten Abschnitt erläutert, haben instabile Resonatoren bei geometrischer Betrachtung eine konvergierende und eine divergierende Welle als Lösung mit reproduzierender Phasenverteilung. Die divergierende Welle entspricht dabei in „nullter“ Näherung den numerisch bestimmten Resonatormoden. Die finite Spiegelausdehnung begrenzt dabei die transversale Ausdehnung der Moden. Als Folge reproduzieren sich die divergierenden Amplitudenverteilungen des optischen Feldes nach einem Resonatorumlauf. Die Resonatorverluste durch Auskopplung sind dabei jedoch viel größer als in stabilen Resonatoren.

Die Reflexion einfallenden Lichts an einem Spiegel finiter Apertur kann als Superposition der ungestörten Reflexion, wie sie an einem infiniten Spiegel auftreten würde, und an den Kanten als virtuelle Quellen entstehenden Kugel- bzw. Zylinderwellen (Kantenwellen) aufgefasst werden. Diese streuen Licht von den einfallenden, divergierenden Wellen auch in die konvergierenden Wellen. Die konvergierende Lösung führt nicht zu selbst-reproduzierenden Feldverteilungen, ab einer gewissen transversalen Ausdehnung treten deutliche Beugungseffekte auf, welche zur Überführung in eine divergierende Welle und somit zum Abklingen durch Auskopplung an den Spiegeln führt [33]. Da die konvergierenden Lösungen jedoch für eine gewisse Anzahl an Umläufen im Resonator gebunden sind und somit wesentlich geringere Verluste als die divergierenden Lösungen erleiden, beeinflussen sie, wie von Annan'ev und Siegman entdeckt [25, 29] trotz ihrer geringen Anfangsamplitude stark die modalen Verluste. Von Bedeutung ist dabei die Phasendifferenz $\Delta\phi(x = a)$ zwischen divergierender und konvergierenden Welle bei der Anregung durch die Beugung an der Kante ($x = a$). Sie wird durch die von Siegman [17] eingeführte, äquivalente Fresnelzahl

$$N_{eq} = \frac{\Delta\phi(x = a)}{2\pi} = \frac{\pi a^2}{R\lambda} \tag{1.49}$$

beschrieben. R ist der Krümmungsradius der Phasenfront der divergierenden Welle an der Apertur.

In Abb. 1.6 (b) sind für einen instabilen Resonator mit $g = 1.05$ die Propagationsfaktoren der 3 Moden mit den geringsten Verlusten als Funktion der äquivalenten Fresnelzahl dargestellt. Die Moden sind gemäß der Spur ihrer Eigenwerte in der komplexen Ebene mit α,β und δ bezeichnet. Über den Vergrößerungsfaktor des Resonators

$$M = \frac{\sqrt{g+1} + \sqrt{g-1}}{\sqrt{g+1} - \sqrt{g-1}} \tag{1.50}$$

ergibt sich die äquivalente Fresnelzahl $N_{\text{eq}} = 0.5(M - 1/M)N_f$ [25].

Bei ganzzahligem N_{eq} besteht konstruktive Interferenz zwischen der beim Umlauf m und beim Umlauf $m + 1$ erzeugten konvergierenden Welle. Somit findet ein Leistungstransfer von der divergenten, Kantenwellen erzeugenden Mode in die konvergente Welle statt. Der Verlust $1 - |\gamma_1|^2$ der Grundmode ($n = 1$) weist ein lokales Maximum auf. Bei halbzahligem N_{eq} besteht destruktive Interferenz, somit findet kein Leistungstransfer statt [25] und die Verluste der Grundmode sind minimal.

Weiterhin schneiden sich bei ganzzahligen N_{eq} die Beträge der Propagationsfaktoren der Mode α und δ. Es findet jedoch keine Entartung der komplexen Propagationsfaktoren statt, so dass sich die Eigenwerte in der komplexen Ebene weiterhin zuordnen lassen. Die Mode δ wird ab diesem Schnittpunkt zur Mode mit geringsten Verlusten $n = 1$ und die Mode α wird zu $n = 2$.

1.4 Optische Effekte in Diodenlasern

Der die laterale Wellenleitung bestimmende effektive Index in Diodenlasern ist im Allgemeinen nicht homogen, sondern kann aufgrund verschiedenster Effekte varriieren

$$n(x) = n_0 - \Delta n(x) + \Delta n_N(x) + \Delta n_T(x) + i\frac{g(x)}{2k_0}. \tag{1.51}$$

Dabei bezeichnet n_0 den Hintergrundindex, $\Delta n(x)$ den, während der Herstellung des Lasers, durch Veränderung der Materialzusammensetzung zur Wellenleitung eingebrachten Indexsprung, $\Delta n_T(x)$ die temperaturabhängige Veränderung des effektiven Index, $\Delta n_N(x)$ die landungsträgerabhängige Veränderung des effektiven Index und $g(x) = g_N(N(x)) - \alpha$ ist der optischen Gewinn, welcher sich aus einem ladungsträgerdichteabhängigen Anteil g_N sowie den nicht-sättigbaren optischen Verlusten α zusammensetzt. Elektro-optische Effekte, d.h. Änderungen der Brechzahl durch elektrische Felder sind bei Halbleiterlasern vernachlässigbar gering und photoelastische Effekte, d.h. Änderungen der Brechzahl durch mechanische Spannungen zwischen den epitaktischen Schichten, können als lateral homogen angenommen werden [34].

1.4.1 Eingeprägter Indexsprung

Bei der Herstellung von Diodenlasern kann durch Strukturierung der Wafer in der Epitaxiebene an bestimmten Stellen im lateralen Resonator ein Sprung in den effektiven Index $\Delta n(x)$ eingeprägt werden. Beim als 2-Schritt-Epitaxie bekannten Verfahren wird das epitaktische Schichtwachstum in der gewünschten Ebene unterbrochen. Dort wird der Wafer mit lithographischen Ätztechniken strukturiert. Anschließend erfolgt die Fortsetzung der Epitaxie. Alternativ kann auch durch das Ätzen von Graben- und Plateaustrukturen in die vertikale Wellenleiterstruktur, des in einem Schritt gewachsenen Wafers, ein Indexsprung eingeprägt werden.

Bei den in dieser Arbeit untersuchten Strukturen wurde nach der Epitaxie durch die p-dotierten Kontakt- und Mantelschichten bis in den Wellenleiterkern geätzt. Die Tiefe der Ätzung bestimmt die Änderung der effektiven Brechzahlen der geführten vertikalen Moden [7]. Eine Ätzung durch die aktive Zone wird vermieden, da an den entstehenden Oberflächen Rekombinatioszentren entstehen, die u. a. negative Auswirkungen auf die Lebensdauer haben. Bei den untersuchten Strukturen kann auf diese Weise ein Indexsprung von $\Delta n_{\mathrm{eff}} < 10^{-2}$ eingeprägt werden.

1.4.2 Ladungsträgereffekte

Die Ladungsträgerdichte-Abhängigkeit ist aufgrund des geringen Überlapps der vertikalen Grundmode mit der aktiven Zone $\Gamma \approx 1\%$ in den untersuchten Strukturen eher klein. Bei einer typischen Schwellen-Ladungsträgerdichte von $N_{th} \approx 10^{18}\,\mathrm{cm}^{-3}$ sind der Bandfüll- sowie der Plasmaeffekt dominant [35]. Der Bandfülleffekt resultiert daraus, dass bei unbesetztem obersten Valenzband- und besetztem niedrigsten Leitungsbandzuständen für eine Inter-Band-Absorption eine höhere Energie notwendig ist als im unbesetzten Fall. Als Plasmaeffekt wird die Brechzahländerung durch Intra-Band-Absorption freier Ladungsträger bezeichnet. Beide Effekte verursachen eine Brechzahlabsenkung $\frac{\partial n}{\partial N} < 0$ mit steigender Ladungsträgerdichte wobei näherungsweise eine lineare Abhängigkeit

$$\Delta n_N = \Gamma n' N \tag{1.52}$$

angenommen werden kann. Nach [35–38] kann für die untersuchten Strukturen $n' = \partial n/\partial N \approx -10^{-20}\,\mathrm{cm}^3$ abgeschätzt werden, woraus sich $\Delta n_N \approx -10^{-4}$ an der Laserschwelle ergibt. Der defokussierende Einfluss von Δn_N führt das Licht in die Randbereiche und aus dem Wellenleiter hinaus. Gleicht der optische Gewinn die Abstrahlverluste aus, so dass es trotzdem zur Wellenführung kommt, spricht man von Anti-Index-Führung [39].

1.4.3 Filamentierung

Die von der Photonendichte $P \propto |E|^2$ abhängige Abnahme der Ladungsträgerdichte N durch stimulierte Emission bewirkt eine starke Kopplung von elektrischem Feld E, Brechungsindex Δn_N sowie optischem Gewinn g im Halbleiterlaser. Die Ladungsträgerbilanz im Halbleiterlaser lautet im stationären Zustand

$$\frac{dN}{dt} = 0 = \frac{J(x)}{q} - \frac{N(x)}{\tau} - \frac{c}{n_0} g_N(N(x))P(x) + D\frac{\partial^2 N}{\partial x^2}. \tag{1.53}$$

Dabei ist J die Injektionsstromdichte, P die Photonendichte und τ die Lebensdauer bzgl. spontaner Emission. Da die Größenordnung der Diffusionslänge $L_{\mathrm{diff}} = \sqrt{D\tau}$ kleiner als die der optischen Intensitätsmodulation ist, kann der Diffusionsterm vernachlässigt werden. [8, 10, 40].

Mit der Annahme eines linearen Zusammenhangs von Gewinn und Ladungsträgerdichte

$$g(x) = g'(N(x) - N_{\mathrm{tr}}), \tag{1.54}$$

wobei N_{tr} die Transparenzladungsträgerdichte ist, ergibt sich mit (1.53)

$$g(x) = \frac{g'}{q}\frac{J - J_{\mathrm{tr}}}{\frac{1}{\tau} + \frac{cg'}{n_0}P} = \frac{g_{pump}(J(x))}{1 + P(x)/P_{\mathrm{sat}}}, \tag{1.55}$$

wobei $P_{\mathrm{sat}} = n_0/(g'c\tau)$ und $g_{\mathrm{pump}} = (\tau g'/q)(J - J_{\mathrm{tr}})$ sind. Mit Gleichung (1.52) ergibt sich daraus die intensitätsabhängige Brechzahländerung

$$\Delta n_N(P) = \frac{n'}{g'} g(P) + n' N_{\mathrm{tr}}, \tag{1.56}$$

wobei im resonanten Fall ($\hbar\omega \approx E_g$) und für Ladungsträgerdichten an der Laserschwelle im Allgemeinen $n' = \delta n/\delta N$ ein negatives und $g' = \delta g/\delta N$ ein positives Vorzeichen aufweisen. Dieser sich selbst verstärkende Prozess der Selbstfokussierung des Lichts durch die Ausbildung lokaler Wellenleiter in Bereichen hohen Intensität wird Filamentierung genannt [5, 41]. Ein wichtiger nichtlinearer Effekt ist dabei die Sättigung des optischen Gewinns bei hohen optischen Intensitäten [11].

1.4.4 Thermische Brechzahländerung

Die Ursachen der Erwärmung von Diodenlasern sind hauptsächlich die nichtstrahlende Rekombination von Ladungsträgern und die Absorption von Photonen in der aktiven Zone sowie die Ohm'sche Erwärmung durch den elektrischen Serienwiderstand der vertikalen Schichtstruktur [42]. Die Temperatur der aktiven Zone T_a lässt sich mit dem thermischen Widerstand des Lasers R_{th}, der Temperatur der Wärmesenke T_s sowie der sich aus der elektrischen Leistung P_{el} und der optischen Leistung $P_{\text{opt}}(T_a)$ ergebenden Verlustleistung, darstellen als

$$T_a = T_s + R_{\text{th}}(P_{\text{el}} - P_{\text{opt}}(T_a)). \tag{1.57}$$

Während die optische Leistung oberhalb der Laserschwelle näherungsweise linear mit dem Injektionsstrom I ansteigt, nimmt die elektrische Leistung nach $P_{\text{el}} = U_0 I + R_s I^2$ quadratisch zu. U_0 ist die Schleusenspannung, ab der die Diode niederohmig wird und $R_s I^2$ ist die Verlustleistung durch Ohm'sche Erwärmung, welche durch den elektrischen Serienwiderstand R_s bestimmt ist. Bei einer Vergrößerung der elektrischen Kontaktfläche sinkt der elektrische Serienwiderstand R_s antiproportional.

Die Abhängigkeit des thermischen Widerstands R_{th} von der Länge L und Breite w einer Wärmequelle in einem Substrat der Ausdehnung (L, w_s) mit der thermischen Leitfähigkeit ξ kann in Grenzfällen analytisch ausgedrückt werden. Ist der vertikale Abstand der Wärmequelle zur Senke h wesentlich größer als die laterale Ausdehnung der Quelle w, ist laterale Wärmespreizung der dominierende Effekt. Dieser Fall ist z.B. für Rippenwellenleiter relevant. Im gegensätzlichen Fall ist die vertikale Wärmeleitung dominant, was eine gute Beschreibung von Breitstreifenlasern erlaubt [3]

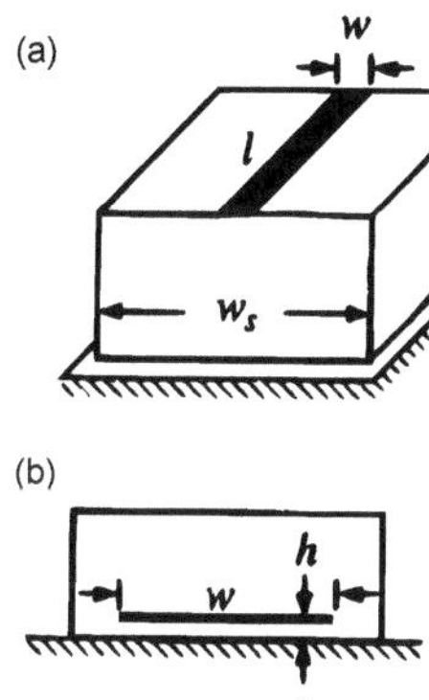

Abb. 1.7: Schematische Darstellung von zwei, für Diodenlaser relevanten Grenzfällen der Wärmeleitung. (a) Linienartige Wärmequelle bzw. großer Abstand zur Wärmesenke. (b) Großflächige Wärmequelle bzw. geringer Abstand zur Wärmesenke (Abbildung aus [3]).

$$R_{th} \approx \frac{1}{\xi L} \begin{cases} \frac{ln(4h/w)}{\pi} & w << h < w_s \\ \frac{h}{w} & w >> h \end{cases}. \tag{1.58}$$

In beiden Fällen ist der thermische Widerstand antiproportional zur Laserlänge L.

Die thermische Brechzahländerung wird hauptsächlich durch die Abnahme der Bandlückenenergie mit steigender Temperatur bestimmt, der Einfluss der thermischen Ausdehnung des Materials ist vernachlässigbar [43]. Wie die Abnahme der Bandlückenenergie kann auch die thermische Brechzahländerung ΔT bei Raumtemperatur als linear genähert werden

$$\Delta n_T = \frac{\partial n}{\partial T} \Delta T, \tag{1.59}$$

wobei für die untersuchten Strukturen etwa $\partial n/\partial T = 2.5 \cdot 10^{-4}\,\mathrm{K}^{-1}$ gilt [37, 38]. Für den in Kapitel 3.1 im Detail untersuchten Breitstreifenlaser von 4 mm Länge und 100 μm Streifenbreite kann aus Abb. 3.3 ein thermischer Widerstand von $R_{\mathrm{th}} = 2.3\,\mathrm{K/W}$ abgelesen werden. Dieser Laser hat an der Schwelle eine Verlustleistung von etwa 1 W womit sich eine thermische Brechzahländerung von $\Delta n_T \approx 6 * 10^{-4}$ abschätzen lässt. Thermische- und ladungsträgerinduzierte Brechzahländerung haben an der Laserschwelle also etwa die gleiche Größenordnung, jedoch unterschiedliche Vorzeichen. Während das thermische Indexprofil über den Kontaktstreifen relativ homogen ist und dem einer Linse ähnelt [38], können die ladungsträgerdichte- und intensitätsabhängigen Indexfilamente wesentlich kleinere Ausdehnungen annehmen

[11, 39]. Mit steigendem Injektionsstrom steigt jedoch die Verlustleistung und somit die thermische Indexänderung quadratisch an, während die Größenordnung der Ladungsträgerdichte gleich bleibt.

Kapitel 2

Konzepte und Methoden der Strahlcharakterisierung

Das Ziel der Laserstrahlcharakterisierung ist die Abschätzung der Nutzbarkeit der Strahlung für spezifische Anwendungen, die Bestimmung der Eingangsparameter für das Design optischer Strahlführungs- und formungssysteme sowie der Vergleich von theoretischen Modellen des Lasers mit der Realität.

In diesem Kapitel erfolgt zuerst die Einführung der spektralen Kohärenzfunktion SKF des optischen Feldes. Danach wird die Entwicklung der SKF in kohärente Moden und deren Beziehung zu den im letzten Kapitel bestimmten Resonatormoden skizziert. Dabei werden ohne Anspruch auf mathematische Vollständigkeit hauptsächlich die Ergebnisse der Arbeiten von Emil Wolf zusammengefasst [44–47]. Anschließend wird die zur SKF äquivalente jedoch experimentell leichter zugängliche Wigner-Verteilungsfunktion WVF eingeführt und deren experimentelle Bestimmung erläutert. Abschließend wird die Strahlcharakterisierung über die sich aus der WFV ergebende Beugungsmaßzahl M^2 diskutiert.

2.1 Kohärente-Moden Representation des optischen Feldes

Über die Korrellation $\Gamma(\tau, \vec{r_1}, \vec{r_2})$ des optischen Feldes $E(t, \vec{r})$ an zwei Orten $\vec{r_1}$ und $\vec{r_2}$ zu zwei Zeitpunkten t und $t+\tau$

$$\Gamma(\tau, \vec{r_1}, \vec{r_2}) = \langle E(t+\tau, \vec{r_1}) E^*(t, \vec{r_2}) \rangle = \lim_{T\to\infty} \frac{1}{T} \int_{-T/2}^{T/2} E(t+\tau, \vec{r_1}) E^*(t, \vec{r_2}) dt \quad (2.1)$$

wird durch Normierung der komplexe Grad der Kohärenz definiert [47]

$$\gamma(\tau, \vec{r_1}, \vec{r_2}) = \frac{\Gamma(\tau, \vec{r_1}, \vec{r_2})}{\sqrt{\Gamma(\tau = 0, \vec{r_1}, \vec{r_1})}\sqrt{\Gamma(\tau = 0, \vec{r_2}, \vec{r_2})}} \tag{2.2}$$

Betrachtet man das Feld am gleichen Ort $\vec{r_1} = \vec{r_2}$ zu verschiedenen Zeitdifferenzen spricht man vom zeitlichen Kohärenzgrad $\gamma(\tau, \vec{r_1}, \vec{r_1})$. Dieser spiegelt sich in der spektralen Linienbreite wieder. Bei Betrachtung des Feldes an verschiedenen Orten zum gleichen Zeitpunkt spricht man von räumlicher Kohärenz $\gamma(\tau = 0, \vec{r_1}, \vec{r_2})$. Diese hat Einfluss auf die Strahleigenschaften.

Die Frequenzbandbreite von Laserstrahlung $\Delta\omega$ ist wesentlich kleiner als deren Mittelfrequenz ω_0. Es gilt daher in quasi-monochromatischer Näherung ($\Delta\omega << \omega_0$) [47]

$$\Gamma(\tau, \vec{r_1}, \vec{r_1}) \approx \Gamma(\tau = 0, \vec{r_1}, \vec{r_1}) e^{i\omega_0\tau} \tag{2.3}$$

$$\gamma(\tau, \vec{r_1}, \vec{r_1}) \approx \gamma(\tau = 0, \vec{r_1}, \vec{r_1}) e^{i\omega_0\tau}. \tag{2.4}$$

Die Oszillation des Lasers in mehreren longitudinalen Moden mit den Frequenzen ω_m (1.35) beeinflusst die räumliche Kohärenz des Lasers also nicht, solange nur $|\omega_m - \omega_0| << \omega_0$ [48].

Für die spektrale Kohärenzfunktion S, die sich durch Fouriertransformation aus der Korrelationsfunktion Γ ergibt, folgt somit [46]

$$S(\omega, \vec{r_1}, \vec{r_2}) = \int_{-\infty}^{+\infty} \Gamma(\tau, \vec{r_1}, \vec{r_2}) e^{i\omega\tau} d\tau \overset{\Delta\omega << \omega_0}{\approx} \frac{1}{2\pi} \Gamma(\tau = 0, \vec{r_1}, \vec{r_2}) \delta(\omega - \omega_0). \tag{2.5}$$

Die spektrale Kohärenzfunktion ist nicht-negativ definit, quadrat-integrabel und hermitesch. Sie lässt sich nach dem Theorem von Mercer nach [49]

$$S(\omega, \vec{r_1}, \vec{r_2}) = \sum_n \lambda_n(\omega) \psi_n^*(\omega, \vec{r_1}) \psi_n(\omega, \vec{r_2}) \tag{2.6}$$

$$= \sum_n \lambda_n(\omega) S_n(\omega, \vec{r_1}, \vec{r_2}) \tag{2.7}$$

entwickeln, wobei $\lambda_n(\omega)$ die realen, nicht negativen Eigenwerte und $\psi_n(\omega, \vec{r})$ die orthonormalen Eigenfunktionen der Fredholm Integralgleichung

$$\int_D S(\omega, \vec{r_1}, \vec{r_2}) \psi_n(\omega, \vec{r_1}) d\vec{r_1} = \lambda_n(\omega) \psi_n(\omega, \vec{r_2}) \tag{2.8}$$

sind.

Die faktorisierten spektralen Kohärenzfunktionen $S_n(\omega, \vec{r_1}, \vec{r_2})$ sind jeweils vollständig räumlich kohärent

$$\gamma_n(\omega, \vec{r_1}, \vec{r_2}) = \frac{S_n(\omega, \vec{r_1}, \vec{r_2})}{\sqrt{S_n(\omega, \vec{r_1}, \vec{r_1})}\sqrt{S_n(\omega, \vec{r_2}, \vec{r_2})}} \tag{2.9}$$

$$|\gamma_n(\omega, \vec{r_1}, \vec{r_2})| = 1, \tag{2.10}$$

weshalb (2.7) als kohärente-Moden-Representation der spektralen Kohärenzfunktion des optischen Feldes bezeichnet wird [45, 49].

2.2 Kohärenz von Resonatormoden

Eine Betrachtung der räumlichen Kohärenzeigenschaften verschiedener transversaler Resonatormoden ϕ_k ist mit der in Kapitel 1.3 vorgestellten Propagator-Methode nicht möglich, da dort strikt monochromatisches Licht angenommen wurde. Nur wenige Jahre nach den ersten Arbeiten von Fox und Li [30] zeigte Wolf [44] jedoch für quasi-monochromatisches Licht, dass der Grad räumlicher Kohärenz von anfangs inkohärentem oder partiell kohärentem Licht durch Umläufe, d.h. Propagation und Beugung, in einem passiven Resonator zunimmt. Diese Erkenntnis wurde später von Wolf und Agrawal auf elegante Weise mit der ursprünglichen Arbeit von Fox und Li verknüpft [45].

Mit dem Kern $K(\omega, \vec{\rho}, \vec{\rho}')$ der Integralgleichung (1.43) für die Propagation des monochromatischen optischen Feldes, wobei $\vec{\rho} = (x, y)$ die transversalen Koordinaten in der Anfangs- und $\vec{\rho}' = (x', y')$ in der Endebene sind, stellen sie eine Integralgleichung für den Umlauf der spektralen Kohärenzfunktion im Resonator auf und betrachten die, sich bis auf den Propagationsfaktor $\sigma(\omega)_k$ selbst reproduzierenden Lösungen

$$\int\int S_k(\omega, \vec{\rho_1}', \vec{\rho_2}') K^*(\omega, \vec{\rho_1}, \vec{\rho_1}') K(\omega, \vec{\rho_2}, \vec{\rho_2}') d^2\rho_1' d^2\rho_2' = \sigma(\omega)_k S(\omega, \vec{\rho_1}, \vec{\rho_2})_k \tag{2.11}$$

Wolf und Agrawal zeigen mit einer Entwicklung von K, dass, falls die Eigenwerte von K nicht entartet sind, die sich im Resonator selbst reproduzierenden spektralen Kohärenzfunktionen auch Moden im Sinne der allgemeinen kohärente-Moden-Representation (2.7) sind

$$S_k(\omega, \vec{\rho_1}, \vec{\rho_2}) = \lambda_k(\omega) \phi_k^*(\omega, \vec{\rho_1}) \phi_k(\omega, \vec{\rho_2}), \tag{2.12}$$

welche in diesem Fall jedoch aus den Resonatormoden ϕ_k aufgebaut sind. Aus (2.10) folgt somit für die Resonatormoden, dass diese jeweils vollständig räumlich kohärent sind. Andererseits kann ein Feld, welches sich aus mehreren Resonatormoden zusammensetzt, nicht mehr vollständig kohärent sein.

Diese skalare Kohärenztheorie der Resonatormoden ist nur für linear polarisiertes Licht gültig, was in Diodenlasern jedoch näherungsweise der Fall ist. Vor wenigen Jahren wurde sie für variierende Polarisationszustände verallgemeinert [50].

2.3 Wigner Verteilung

Ein partiell kohärenter Strahl wird durch seine spektrale Kohärenzfunktion SKF (2.5) vollständig beschrieben. Es ist jedoch oft zweckdienlicher, die zur SKF equivalente Wigner-Verteilungsfunktion WVF einzuführen [51–55]. Wie in Kapitel 1.1 ausgeführt, sind die Feldverteilung von Diodenlasern in den transversalen Dimensionen (x, y) i.A. separierbar. Im Folgenden wird daher lediglich eine transversale Dimension x betrachtet.

Die Wigner-Verteilung bei einer Position z ergibt sich aus der SKF durch Transformation der transversalen Ortskoordinate relativ zu ihrem Schwerpunkt $x = (x_1 + x_2)/2$ und Fourier-Transformation bzgl. des Abstands $s = (x_1 - x_2)$ zu [53, 54, 56]

$$W(x, u) = \frac{k^2}{(2\pi)^2} \int \int S(x + \frac{s}{2}, x - \frac{s}{2}) e^{ikus} ds. \tag{2.13}$$

Ein Vorteil der Darstellung partiell kohärenter Felder durch die WVF ist das einfache Propagationsgesetz der WDF durch optische Systeme, bestehend aus Freiraumpropagation und idealen Linsen. Die Orts- und Winkelkoordinaten der Eingangs-WDF $W_e(x_e, u_e)$ und Ausgangs-WDF $W_a(x_a, u_a)$ sind analog zur ABCD-Matrixbeschreibung der Strahltransformation in optischen Systemen erster Ordnung [57]

$$\begin{bmatrix} x_a \\ u_a \end{bmatrix} = \begin{bmatrix} A & B \\ C & D \end{bmatrix}^{-1} \begin{bmatrix} x_e \\ u_e \end{bmatrix} \tag{2.14}$$

miteinander verknüpft. Im strahlenoptischen Bild kann die Wigner-Verteilung also als der Strahlungsanteil, der von einem Ort x unter einem Winkel u emittiert wird interpretiert werden. Wie in Abb. 2.1 dargestellt, entspricht die Transformation der Wigner-Verteilung bei Freiraumpropagation einer Scherung der Verteilung im Pha-

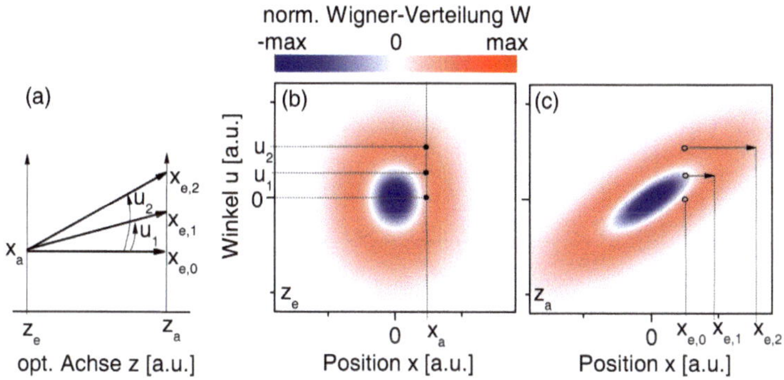

Abb. 2.1: Transformation der Wigner-Verteilung bei Freiraumpropagation. (a) Strahlenoptische Interpretation. Wigner-Verteilung in (b) der Eingangsebene und (c) der Ausgangsebene.

senraum (x, u). Je größer der lokale Abstrahlwinkel u, desto stärker ändert sich die laterale Position x bei der Propagation.

Entgegen der strahlenoptischen Interpretation kann die Wigner Verteilung aber auch negative Werte annehmen. Der Rückfluss von Energie ist im strahlenoptischen Bild nicht erklärbar, negative Werte der Wigner-Verteilung sind die Folge von wellenoptischen Interferenzeffekten.

Ein weiterer Vorteil besteht darin, dass sich bei der Integration über die beiden Variablen x und u messtechnisch zugängliche Größen ergeben. Die Integration über die Winkelkoordinate u ergibt die räumliche Intensitätsverteilung (Nahfeldverteilung) (Abb. 2.2 (b))

$$I(x) = \int W(x, u) du, \tag{2.15}$$

die Integration über die Ortskoordinate gibt die winkelabhängige Intensitätsverteilung im Fernfeld (Abb. 2.2 (c))

$$I_u(u) = \int W(x, u) dx \tag{2.16}$$

und die Integration über die Orts- und Winkelkoordinate gibt die Gesamtleistung

$$P = \int \int W(x,u)dxdu. \tag{2.17}$$

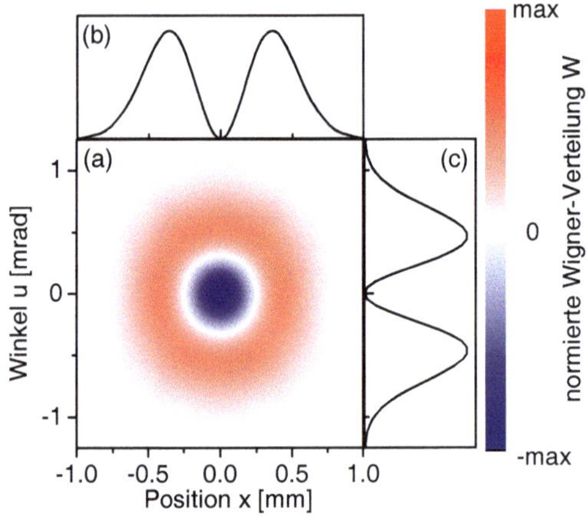

Abb. 2.2: Bestimmung von messtechnisch zugänglichen Größen aus der Wigner-Verteilung. Winkelintegration der Wigner-Verteilung (a) ergibt die räumliche Nahfeld-Intensitätsverteilung (b), Ortsintegration die winkelabhängige Fernfeld-Intensitätsverteilung (c).

2.3.1 Momente der Wigner Verteilung

Darüber hinaus haben die Momente

$$\langle x^n u^m \rangle = \frac{1}{P} \int \int W(x,u) x^n u^m dxdu \tag{2.18}$$

der Ordnung $n+m$ der WDF physikalisch relevante Bedeutung. Die Momente erster Ordnung

$$\langle x \rangle = 1/P \int I(x)dx \tag{2.19}$$

und

$$\langle u \rangle = 1/P \int I_u(u)du \tag{2.20}$$

entsprechen den Koordinaten der Schwerpunkte der Nah- bzw. Fernfeldverteilungen [58]. Die ersten Momente propagieren durch optische Systeme erster Ordnung wie geometrisch-optische Strahlen, d.h. die Momente am Ausgang des Systems $\langle x\rangle_a$ und $\langle u\rangle_a$ ergeben sich aus den Momenten am Eingang des Systems $\langle x\rangle_e$ und $\langle u\rangle_e$ nach

$$\begin{bmatrix} \langle x\rangle \\ \langle u\rangle \end{bmatrix}_a = \begin{bmatrix} A & B \\ C & D \end{bmatrix} \begin{bmatrix} \langle x\rangle \\ \langle x\rangle \end{bmatrix}_e . \tag{2.21}$$

Um die Momente der Ordnung > 1 unabhängig von der Lage der WVF im Phasenraum zu machen, ist es zweckmäßig eine Zentrierung auf die entsprechenden ersten Momente vorzunehmen, d.h. $\langle x^2\rangle_z = \langle x^2\rangle - \langle x\rangle^2$, $\langle u^2\rangle_z = \langle u^2\rangle - \langle u\rangle^2$, $\langle xu\rangle_z = \langle xu\rangle - \langle x\rangle \langle u\rangle$, usw. Im folgenden werden ohne besondere Kennzeichnung immer nur die zentrierten Momente verwendet. In diesem Sinne sind die 2. Momente $\langle x^2\rangle$ und $\langle u^2\rangle$ ein Maß für die transversale Ausdehnung der entsprechenden Intensitätsverteilungen.

In der Norm ISO 11146 zur Bestimmung von Laserstrahlparametern gehen diese Größen in die Definition des Strahldurchmessers

$$d = 4\sqrt{\langle x^2\rangle} \tag{2.22}$$

und der Ausdehnung der Fernfeldverteilung

$$\Theta = 4\sqrt{\langle u^2\rangle} \tag{2.23}$$

ein. Der effektive Krümmungsradius des sphärischen Anteils der Phasenfront lässt sich nach

$$R_{\text{eff}} = \frac{\langle x^2\rangle}{\langle xu\rangle} \tag{2.24}$$

bestimmen. Auch die Momente 2. Ordnung lassen sich leicht durch optische Systeme erster Ordnung propagieren. Mit der Systemmatrix

$$S = \begin{bmatrix} A & B \\ C & D \end{bmatrix} \tag{2.25}$$

und der Momentematrix bei Systemeingang $\mathbf{P}_e$ und -Ausgang $\mathbf{P}_a$

$$\mathbf{P}_{e,a} - \begin{bmatrix} \langle x^2\rangle_{e,a} & \langle xu\rangle_{e,a} \\ \langle xu\rangle_{e,a} & \langle u^2\rangle_{e,a} \end{bmatrix} \tag{2.26}$$

gilt:

$$\mathbf{P}_a = \mathbf{S} \cdot \mathbf{P}_e \cdot S^T . \tag{2.27}$$

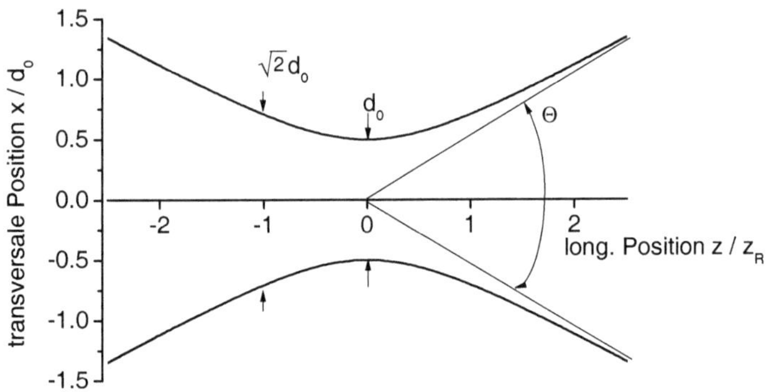

Abb. 2.3: Änderung des Strahldurchmessers bei Fokusdurchgang.

Aufgrund der Symplektizität [59]

$$\mathbf{S} \cdot \mathbf{J} \cdot \mathbf{S}^T = \mathbf{J}, \text{ wobei } \mathbf{J} = \begin{bmatrix} 0 & 1 \\ -1 & 0 \end{bmatrix} \tag{2.28}$$

optischer Systeme ergibt sich bei der Propagation der Momente

$$\langle x^2 \rangle \langle u^2 \rangle - \langle xu \rangle^2 = const. \tag{2.29}$$

als Erhaltungsgröße.

Freie Propagation in Richtung z wird in (2.25) durch die Matrixelemente $A = D = 1, B = z$ und $C = 0$ beschrieben. Somit transformieren sich die 2. Ortsmomente $\langle x^2 \rangle_e$ zu

$$\langle x^2 \rangle_a (z) = \langle x^2 \rangle_e + 2z \langle xu \rangle_e + z^2 \langle u^2 \rangle_e \tag{2.30}$$

Der minimale Strahldurchmesser (Strahltaille)

$$d_0 = 4\sqrt{\langle x^2 \rangle_e - \frac{\langle xu \rangle_e^2}{\langle u^2 \rangle_e}} \tag{2.31}$$

ergibt sich bei $z_0 = \langle xu \rangle_e / \langle u^2 \rangle_e$, an dieser Stelle sind die Phasenfronten planar $(\langle xu \rangle_a (z_0) = 0)$.

Der Abstand von der Strahltaille

$$z_R = \sqrt{\frac{\langle x^2 \rangle_e}{\langle u^2 \rangle_e} - \frac{\langle xu \rangle_e^2}{\langle u^2 \rangle_e^2}}, \tag{2.32}$$

bei dem der Strahldurchmesser um den Faktor $\sqrt{2}$ größer als der Tailendurchmesser ist, wird als Rayleigh-Länge bezeichnet. Aus (2.30), (2.31) und (2.32) ergibt sich für den Strahldurchmesser beim Fokusdurchgang bei z_0, wie in Abb. 2.3 dargestellt,

$$d(z) = d_0 \sqrt{1 + (\frac{z - z_0}{z_R})^2}. \tag{2.33}$$

2.3.2 Experimentelle Rekonstruktion

Zur experimentellen Bestimmung der Korrelationsfunktion (2.1) werden meist interferometrische Verfahren verwendet [60]. Die Wigner Verteilung lässt sich über Phasenraum-Tomographie jedoch experimentell wesentlich einfacher rekonstruieren. Die ermittelte Wigner-Verteilung kann dann in die äquivalente Korrelationsfunktion überführt werden. Dieses von McAlister [61] und Eppich [62] anfang der 90er Jahre eingeführte Verfahren wird im folgenden kurz erläutert.

Die Transformation der Wigner-Verteilung in einer Referenzebene $W(x, u)|_{z_{ref}}$ gemäß (2.14) entspricht bei Freiraumpropagation, wie in Abb. 2.1 dargestellt, einer Scherung der Verteilung im Phasenraum (x, u), was gleichbedeutend mit einer Skalierung gemäß (2.33) bei gleichzeitiger Drehung der Verteilung um einen Winkel $\phi(z)$ ist.

Die experimentellen Messungen zugängliche Intensitätsverteilung $I(x)$ in der Ebene bei z entspricht dabei der gemäß (2.33) skalierten Projektion, der um $\phi(z)$ gedrehten Wigner-Verteilung in der Referenzebene $W(x, u)|_{z_{ref}}$. Durch die Messung an mehreren Positionen erhält man einen Satz von Projektionen unter verschiedenen Winkeln, aus denen man durch numerische Rekonstruktionsalgorithmen die Wigner-Verteilung in der Referenzebene bestimmen kann. Es ist oft zweckmäßig die Position der Strahltaille z_0 als Referenzebene zu wählen und die Winkelkoordinate u mit der Rayleigh-Länge (2.32) zu skalieren $\tilde{u} = u \cdot z_R$. Dadurch wird die Winkel- und Ortsausdehnung der Wigner-Verteilung gleich groß $\langle x^2 \rangle = \left\langle \tilde{u^2} \right\rangle$, was für nume-

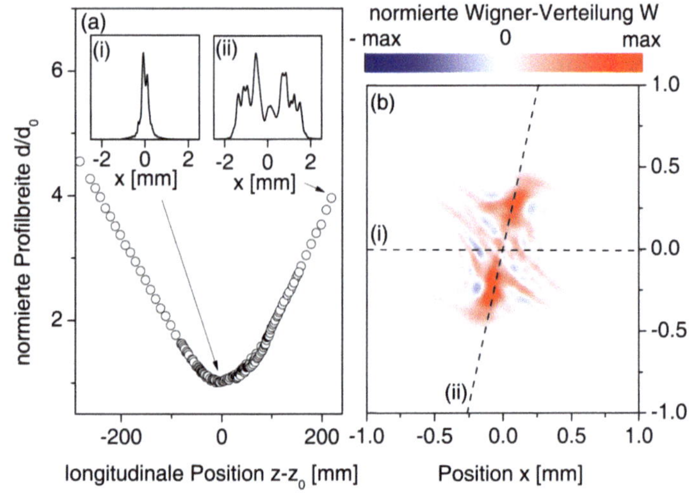

Abb. 2.4: Experimentelle Rekonstruktion der Wigner-Verteilung. (a) Strahldurchmesser von bei verschiedenen Positionen aufgenommen Intensitätsprofilen, sowie zwei Intensitätsprofile bei ausgewählten Positionen (i),(ii). (b) Rekonstruierte Wigner-Verteilung mit den zu (i) und (ii) zugehörigen Phasenwinkeln.

rische Rekonstruktionsverfahren vorteilhaft ist. Der Winkel der Drehung bei freier Propagation im Phasenraum ist dann

$$\phi(z) = atan(\frac{z}{z_R}). \tag{2.34}$$

Aus (2.34) folgt, dass um den gesamten Projektionswinkelbereich von $-\pi/2 < \phi < \pi/2$ abzutasten, die Messungen der Intensitätsverteilungen von $-\infty < z < \infty$ durchgeführt werden müssten. Die Intensitätsverteilungen bei den Projektionswinkeln $\pm\pi/2$ sind die Fernfeldverteilungen des Feldes der Referenzebene und können daher durch Erweiterung des optischen Aufbaus mit einer Fokuslinse in deren Brennebene gemessen werden. Ist es andererseits möglich Intensitätsverteilungen über hinreichend viele Rayleighlängen zu messen ($\phi(z = 3z_R) \approx 0.4\pi$) und ändert sich die Wigner-Verteilung im entsprechenden Bereich großer Projektionswinkel nur wenig, so kann oft auf die Fernfeldtransformation verzichtet werden. Für die numerische Rekonstruktion wurde in der Arbeit die von B. Eppich am Ferdinand-Braun-Institut entwickelte Software *Scan2Wigner* verwendet.

Exemplarisch für die experimentelle Rekonstruktion der Wigner-Verteilung zeigt Abb. 2.4 (a) die auf den Strahltaillendurchmesser normierten Strahldurchmesser $d(z)/d_0$ von 170 aufgenommenen Intensitätsprofilen sowie die Intensitätsprofile in zwei ausgewählten Ebenen (i) und (ii). Die aus allen Intensitätsprofilen rekonstruierte Wigner-Verteilung ist in Abb. 2.4 (b) dargestellt, wobei die zu (i) und (ii) zugehörigen Projektionswinkel ebenfalls markiert sind.

2.4 Beugungsmaßzahl M^2

Aus (2.29) folgt, dass beim Durchgang durch optische Systeme erster Ordnung das Produkt der zweiten Orts- und Winkelmomente bzw. das Produkt von Strahldurchmesser d_0 (2.22) und die Ausdehnung der Fernfeldverteilung Θ_0 (2.23) am Ort der Strahltaille z_0 erhalten bleibt. Für die fundamentale Gauß-Mode (1.20) ist dieses Produkt

$$d\Theta = M^2 \cdot \frac{4\lambda}{\pi} \tag{2.35}$$

mit $M^2 = 1$ minimal. Ein solcher Strahl wird als beugungsbegrenzt (diffraction limited) bezeichnet. Ausgehend davon kann zur Beschreibung willkürlicher Strahlen die als Beugungsmaßzahl bezeichnete Größe $M^2 \geq 1$ verwendet werden [27, 63, 64]. Sie gibt an, um wie viel größer das Produkt der Strahlparameter (2.35) im Vergleich zum Gauß-Strahl ist. Die Beugungsmaßzahl ist ein Maß für die Fokussierbarkeit, d.h. für den kleinsten möglichen Fokusdurchmesser des Strahls bei vorgegebener Linse. Dieser nimmt proportional mit der Beugungsmaßzahl M^2 zu.

Nach (2.35) erfordert die experimentelle Bestimmung der Beugungsmaßzahl nur zwei Messungen von Intensitätsprofilen, eine in der Strahltaille $z = z_0$, die andere im Fernfeld $z > 3z_R$. Eine exaktere Methode, die z.B. Messfehler aufgrund von ungenauer Detektorpositionierung in die Strahltaille vermeidet, ist folgende:

Bei Fokusdurchgang des Strahls werden in verschiedenen Ebenen die Strahldurchmesser bestimmt. Über Anpassung der Gleichung (2.33) an die experimentell bestimmten Durchmesser $d(z)$ werden d_0 und $z_R = d_0/\Theta$ ermittelt. Aus diesen wird nach (2.35) die Beugungsmaßzahl bestimmt. Nach ISO Vorschrift 11146 sind dabei mindestens 10 Strahldurchmesser zu bestimmen, die Hälfte innerhalb der Rayleighlänge. Wie eingangs erwähnt, ist ein Ziel der Laserstrahlcharakterisierung die Abschätzung der Nutzbarkeit der Strahlquelle für spezifische Anwendungen. Die Beugungsmaßzahl M^2 soll in Verbindung mit der optischen Ausgangsleistung möglichst präzise Aussagen über die verwertbare Leistungsdichte im Brennfleck einer Linse erlauben.

Bei der Bestimmung der Strahlprofilbreiten über die 2. Intensitätsmomente gehen jedoch kleine Intensitäten, die vom Leistungsinhalt her vernachlässigbar jedoch in großem Abstand zum Schwerpunkt befindlich sind, überproportional (quadratisch) gewichtet in die Profilbreite und somit in die Beugungsmaßzahl ein. Die Definition der Profilbreiten über den eingeschlossenen Leistungsinhalt erweist sich daher in vielen Fällen als aussagekräftiger. In dieser Arbeit wurden die Profilbreiten zur Bestimmung der Beugungsmaßzahl ausschließlich nach dem Kriterium eines Einschlusses von 95% der Gesamtleistung bestimmt. Dabei muss jedoch beachtet werden, dass die hyperbolische Abhängigkeit des Strahldurchmessers bei Ausbreitung (2.33) mathematisch streng und uneingeschränkt nur für die Definition über die Intensitätsmomente gilt. Eine ausführliche Diskussion verschiedener Profilbreitendefinitionen sowie der Aussagekraft der Beugungsmaßzahl für verschiedene Strahlformen findet sich im sehr anschaulichen Tutorial von Siegman mit dem treffenden Titel, „How to (Maybe) Measure Laser Beam Quality“ [65].

Kapitel 3

Longitudinal homogene Diodenlaser-Resonatoren

Streifenlaser, entweder als Einzelemitter oder in Parallelschaltung in Form von Arrays oder Barren sind die klassische und etablierteste Diodenlaserkonfiguration zur Erreichung hoher Ausgangsleistungen. Die erzielbare Ausgangsleistung variiert mit der Streifenbreite. Laser mit Streifenbreiten im Bereich weniger Mikrometer, welche eine nahezu optimale, beugungsbegrenzte Abstrahlcharakteristik aufweisen, können Leistungen von einigen Milliwatt bis wenigen Watt erreichen [66]. Breitstreifenlasern mit Streifenbreiten von einigen hundert Mikrometern liefern Leistungen von mehreren zehn Watt [67]. Werden viele schmalere Streifen in geringem lateralen Abstand auf einem Chip angeordnet spricht man von einem Laser-Array. Mit Arrays kann die Ausgangsleistung von Einzelemittern noch einmal deutlich übertroffen werden. Mit steigender Ausgangsleistung treten bei Breitstreifenlasern und Laserarrays jedoch starke Änderungen in der Abstrahlcharakteristik auf. Diese Änderungen sind Gegenstand der Untersuchungen in diesem Kapitel. Zuerst wird ein Überblick über die leistungsabhängige Änderung der Strahlcharakteristik von Hochleistungs-Breitstreifenlasern vermittelt, anschließend werden detailliert, anhand von Vergleichen mit Simulationsergebnissen, die dominierenden Effekte in gewinngeführten Laserarrays untersucht.

3.1 Breitstreifenlaser

Breitstreifenlaser sind im einfachsten Fall ausschließlich durch eine streifenförmige elektrische Kontaktgeometrie gekennzeichnet. Wie in Abb. 3.1 (a) dargestellt, wird das elektrische Kontaktfenster in den untersuchten Lasern durch die Öffnung des SiN Isolators sowie eine Implantation von He-Ionen in die hochdotierte p-Kontaktschicht definiert. Da durch die Prozessierung keine Brechzahlunterschiede eingeprägt wurden, werden solche Laser als gewinngeführt bezeichnet. Beim Betrieb dieser Laser treten jedoch die in Kapitel 1.4 beschriebenen ladungsträgerdichte- und temperaturabhängigen Brechzahländerungen auf. Wird der laterale Photoneneinschluss durch

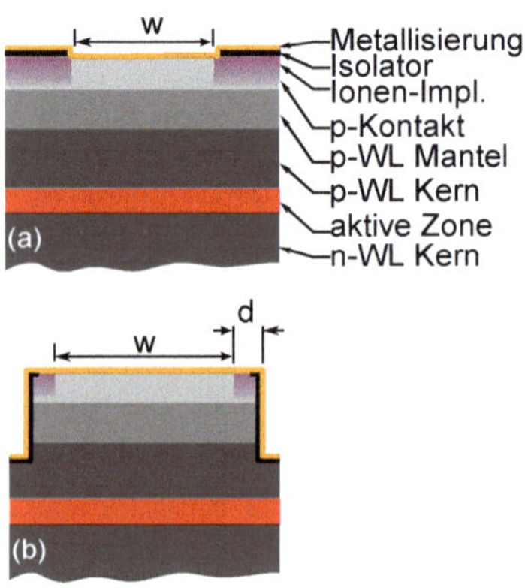

Abb. 3.1: Schematische Querschnittsansicht eines (a) gewinngeführten und (b) indexgeführten Breitstreifenlasers.

die prozesstechnologische Einprägung von Brechzahlunterschieden zusätzlich verstärkt, spricht man von Indexführung. Die Änderung im effektiven Brechungsindex kann durch laterale Strukturierung im epitaktischen Wachstumsprozess, oder aber einfacher, durch die Ätzung von Graben/Plateau-Strukturen nach der Epitaxie, erfolgen. Abb.3.1 (b) zeigt Letzteres schematisch. Durch die Variation von Plateaubreite $W+d$ und elektrischer Kontaktfensterbreite W ist es möglich, den lateralen Photonen- und Ladungsträgereinschluss aufeinander abzustimmen. So kann z.B. über die Stromspreizung zwischen Kontakt und aktiver Zone das laterale Gewinnprofil an das Profil der optischen Intensität angepasst werden. Diese Untersuchungen

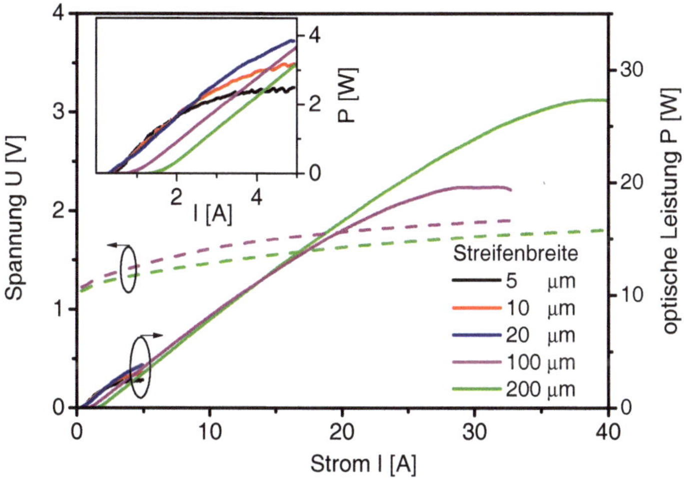

Abb. 3.2: Leistung-Strom-Spannungs Kennlinien von 4 mm langen Breitstreifenlasern verschiedener Streifenbreite im Dauerstrich-Betrieb(CW).

waren jedoch nicht Teil der vorliegenden Arbeit, die Breite d ist bei allen untersuchten Lasern fix bei $d = 8\,\mu$m.

In Abb. 3.2 sind die Leistungs-Strom Kennlinien von Lasern gleicher Länge ($L =$ 4 mm) jedoch verschiedener Streifenbreite dargestellt. Dabei sind die Laser mit Streifenbreiten von $5-20\,\mu$m gewinngeführt (vgl. Abb.3.1 (a)) und die Laser mit Streifenbreiten von $100\,\mu$m und $200\,\mu$m indexgeführt (vgl. Abb.3.1 (b)). Die Laser sind für eine Emissionswellenlänge um 1060 nm ausgelegt, Einzelheiten zur Epitaxiestruktur und Montage der Laser finden sich im Anhang A unter Struktur A. Mit der Streifenbreite nimmt die maximal erreichbare Ausgangsleistung zu. Die Abnahme des Anstiegs der Leistung-Strom Kennlinie bei hohen Strömen ist hauptsächlich auf thermische Effekte zurückzuführen. Mit zunehmender Temperatur verteilen sich die Ladungsträger auch auf Zustände höherer Energie (Fermi-Verteilung), wodurch die spektrale Verteilung des optischen Gewinns breiter, jedoch das Maximum des optischen Gewinns kleiner wird. Als Folge steigt die Schwellenstromdichte an, was wiederum zu zusätzlicher Erwärmung führt Für die Breitstreifenlaser mit $100\,\mu$m und

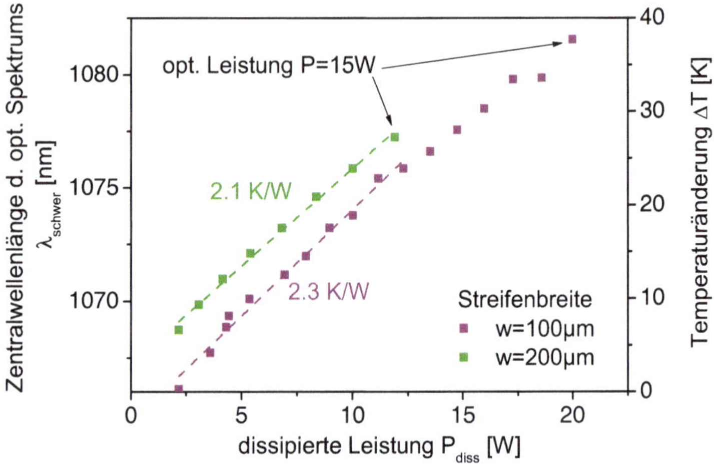

Abb. 3.3: Schwerpunktwellenlänge des optischen Spektrums sowie daraus berechnete Temperaturänderung von Breitstreifenlasern als Funktion der dissipierten Verlustleistung im Dauerstrichbetrieb.

200 μm Streifenbreite ist in Abb. 3.2 zusätzlich die Flussspannung U dargestellt. Aufgrund des geringeren elektrischen Serienwiderstandes ist diese für den breiteren Streifen geringer. Aus den Leistungs- und Spannungs-Kennlinien ergibt sich eine maximale Konversionseffizienz von elektrischer in optische Leistung von 54 % bei 9 W für den 200 μm breiten Streifen und von 52 % bei 5 W für den 100 μm breiten Streifen. Aufgrund des geringeren Serienwiderstands nimmt die Konversionseffizienz beim 200 μm breiten Streifen jedoch deutlich langsamer mit dem Injektionsstrom ab, sie beträgt bei 15 W noch 52 % im Vergleich zu 45 % beim 100 μm Streifen.

Mit steigender Temperatur wird das Maximum des optischen Gewinns nicht nur reduziert, sondern gleichzeitig zu längeren Wellenlängen verschoben. In Breitstreifenlasern ohne spektral selektive Gitterstrukturen kann die Erwärmung der aktiven Zone also über die Verschiebung der Wellenlänge des Schwerpunkts der spektralen Intensitätsverteilung λ_{schwer} abgeschätzt werden. In Abb. 3.3 ist diese Verschiebung als Funktion der dissipierten Verlustleistung $P_{\text{diss}} = U \cdot I - P$ für die Breitstreifenlaser jeweils bis zu einer optischen Ausgangsleistung von $P = 15$ W dargestellt. Die Laser beider Streifenbreiten zeigen proportional zur Verlustleistung eine Rotverschiebung der spektralen Verteilung, wobei der 200 μm breite Streifen an der Laserschwelle eine um 3 nm längere Wellenlänge aufweist. Mit der Annahme einer spektralen Verschiebung von $\delta\lambda/\delta T = 0.41\,\mathrm{nm/K}$ [38] entspricht dies etwa einer Temperaturdifferenz von 7 K. Weiterhin lässt sich aus der Rotverschiebung ein thermischer Widerstand von $(2.29 \pm 0.07)\,\mathrm{K/W}$ für den 100 μm Streifen und $(2.10 \pm 0.05)\,\mathrm{K/W}$ für den 200 μm Streifen bestimmen. Der breitere Streifen bringt also nur geringe Vorteile beim thermischen Widerstand. Aufgrund der deutlich höheren Konversionseffizienz bei höheren Leistungen fällt bei gleicher optischer Ausgangsleistung jedoch deutlich weniger Verlustleistung an.

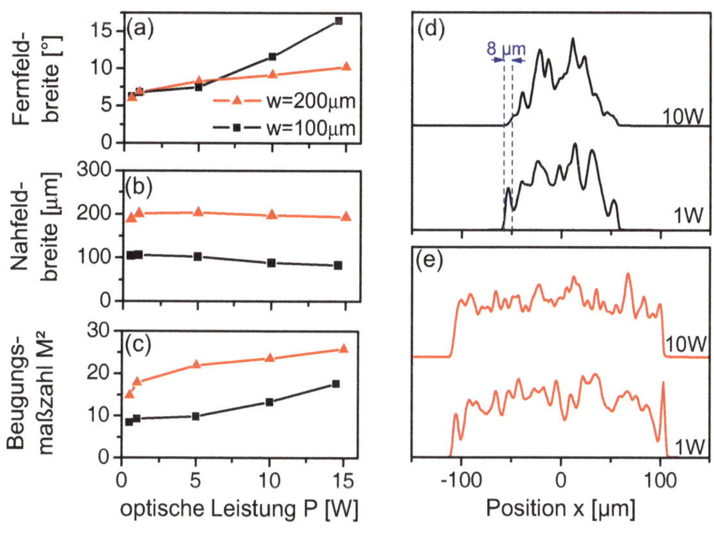

Abb. 3.4: (a) Laterale Divergenz, (b) Nahfeldbreite und (c) Beugungsmaßzahl von 4 mm langen Breitstreifenlasern mit 100 μm und 200 μm Streifenbreite als Funktion der Ausgangsleistung im Dauerstrichbetrieb. Die Profilbreiten geben einen Einschluss von 95% der Gesamtleistung an. (d) Nahfeldverteilung für 100 μm Streifenbreite und (e) für 200 μm Streifenbreite bei ausgewählten Leistungen.

Mit der Streifenbreite ändern sich jedoch auch die Abstrahleigenschaften. Abb. 3.4 zeigt die laterale Divergenz, die Nahfeldbreite sowie die daraus bestimmte Beugungsmaßzahl M^2 zweier Breitstreifenlaser mit $100\,\mu$m bzw. $200\,\mu$m Streifenbreite als Funktion der optischen Leistung. Die Divergenz der Laser ist bei niedrigen Leistungen < 5 W nahezu gleich. In der stark vereinfachten Modellvorstellung eines 3-Schicht Wellenleiters hängt der maximale Ausbreitungswinkel geführter Moden zur optischen Achse nur vom Indexsprung zwischen Wellenleitermantel und -kern ab (1.13). Aus der gemessenen Divergenz von $7\,^\circ$ für beide Streifenbreiten bei niedrigen Leistungen lässt sich so mit $n_K = 3.3$ ein Indexsprung von $n_K - n_M > 6 \cdot 10^{-4}$ abschätzen. Dieser passt von der Größenordnung zum, durch die Grabenätzung eingeprägten Indexsprung von $\Delta n \approx 10^{-3}$ abzüglich der ladungsträgerbedingten Brechzahlreduktion von $\Delta n_N = 10^{-4}$ (siehe Abschnitt 1.4.2) . In den in Abb. 3.4 (d) und (e) dargestellten Nahfeld-Intensitätsverteilungen ist die laterale Wellenführung der Gräben bei $P = 1$ W anhand der steilen Intensitätsflanken an den Grabenpositionen gut identifizierbar. Da die Nahfeldbreite in etwa der Streifenbreite entspricht, ist die Beugungsmaßzahl M^2 des $200\,\mu$m Streifenlasers etwa doppelt so groß wie die des $100\,\mu$m Streifenlaser.

Mit zunehmender Ausgangsleistung und Erwärmung wird die Indexführung der Gräben von der thermischen Brechzahlerhöhung (siehe Abschnitt 1.4.4) überlagert. Das thermische Brechzahlprofil ist, wie im nächsten Abschnitt gezeigt wird, nicht homogen unter dem Kontaktstreifen, sondern weist eine eher linsenartige Form auf. Die Dominanz dieser sog. thermischen Linse in der lateralen Wellenführung beim $100\,\mu$m Streifen und hohen Leistungen ist über die Einschnürung der Nahfeldverteilung (Abb. 3.4 (d)) deutlich sichtbar. Aufgrund der geringeren Konversionseffizienz sind der thermische Brechzahlanstieg und die daraus folgende Zunahme der Strahldivergenz mit der optischen Ausgangsleistung beim $100\,\mu$m Streifenlaser stärker als beim $200\,\mu$m Streifen. Absolut betrachtet, bleibt die Beugungsmaßzahl des $100\,\mu$m Streifens im erreichbaren Leistungsbereich aber immer deutlich kleiner als die des $200\,\mu$m Streifens.

3.2 Gewinngeführte Laser-Arrays

Die laterale Ausdehnung von Breitstreifenlasern kann nicht beliebig vergrößert werden. Einerseits steigt mit zunehmender Streifenbreite die optische Verstärkung von Licht, das sich quer zur optischen Achse ausbreitet, andererseits nimmt mit zunehmendem Einfallswinkel des Lichts die Reflektivität der Facetten des Laserchips zu. Überwiegen diese Effekte über die Absorptionsverluste im elektrisch ungepumpten Teil des Laserchips, können sich sog. Ringmoden ausbilden. Diese propagieren nicht wie gewünscht, nahezu paraxial in der prozesstechnisch eingeprägten Laserkavität, sondern mit großem Winkel zur optischen Achse wie in einem Ringresonator. Dabei wirken neben der Front- und Rückfacette auch die seitlichen Facetten als Reflektoren. Die Leistungsauskopplung der Ringmoden an der Frontfacette ist sehr gering sie reduzieren jedoch den, für die paraxialen Moden zur Verfügung stehenden optischen Gewinn. Das Anschwingen von Ringmoden ist daher mit einem deutlichen Leistungseinbruch in der Leistungs-Strom-Kennlinie verbunden. In [14] wurde die Existenz solcher Ringmoden bei Streifenbreiten von 200 μm experimentell nachgewiesen.

Eine Möglichkeit das Anschwingen von Ringmoden bei der Skalierung der Streifenbreite zu vermeiden, ist die Unterteilung des Breitstreifenlasers in eine Vielzahl schmalerer Einzelstreifen. Die Auswirkungen dieser Unterteilung, speziell der Einfluss der Kopplung der einzelnen Emitter auf die Abstrahlcharakteristik, wird im Folgenden untersucht. Die untersuchte Array-Konfiguration hat eine Länge von 4 mm und besteht, wie in Abb. 3.5 schematisch dargestellt, aus 20 Kontaktstreifen mit einer Periode von 20 μm.

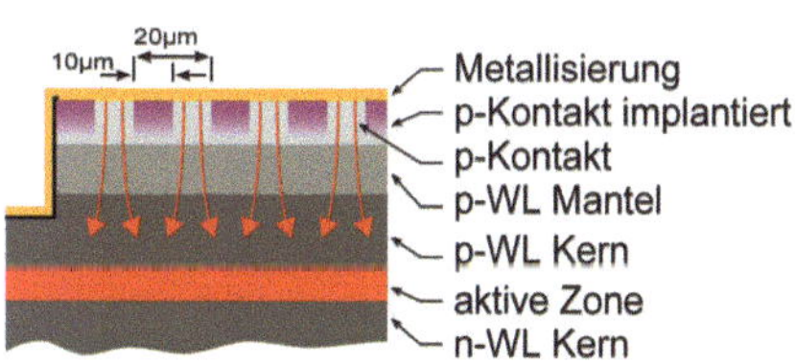

Abb. 3.5: Schematische Querschnittsansicht eines Teils des Laser-Arrays.

Die einzelnen Emitter haben jeweils eine Breite von 10 μm. Dieses ergibt eine absolute Ausgangsaperturbreite von 400 μm und eine effektive Kontaktfläche von 200 μm. Der laterale Stromeinschluss ist durch die Implantation von He-Ionen in die hochgradig p-dotierte GaAs Kontaktschicht zwischen den einzelnen Streifen realisiert. An den Rändern des Arrays sind Gräben bis in die p-AlGaAs Mantelschicht geätzt, welche einen effektiven Indexsprung von $\Delta n \approx 10^{-3}$ bewirken. Zum Vergleich wurden die im letzten Abschnitt untersuchten Breitstreifenlaser mit der gleichen effektiven Kontaktbreite von 200 μm herangezogen.

3.2.1 Elektro-optische Eigenschaften

Abb. 3.6 zeigt die elektro-optischen Kennlinien des Breitstreifenlasers und des Arrays im Quasi-CW Betrieb (Pulsdauer 500 μs, Wiederholfrequenz 20 Hz) im Vergleich.

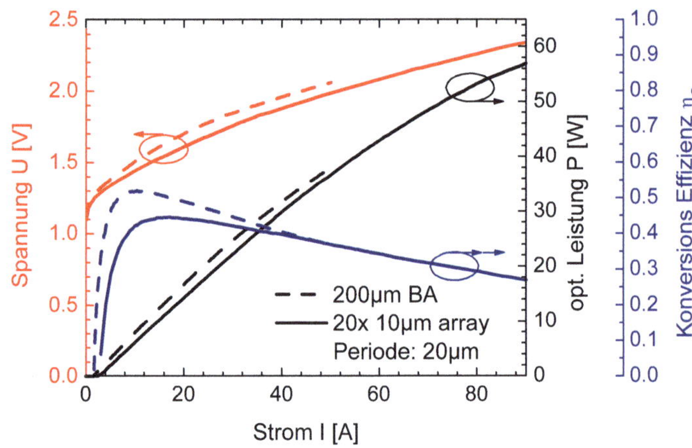

Abb. 3.6: Elektro-optische Kennlinien eines Laser-Array aus 20 Einzelstreifen mit 10 μm Streifenbreite und 20 μm Periode im Vergleich zu einem Breitstreifenlasers mit 200 μm Streifenbreite (gestrichelt) im Quasi-CW Betrieb (Pulsdauer 500 μs, Wiederholfrequenz 20 Hz).

Der Schwellenstrom des Arrays (I_{th} = 2.7 A) ist nahezu doppelt so hoch wie der des Breitstreifenlasers (I_{th} = 1.4 A), und auch der Anstieg der Leistungskennlinie nahe der Schwelle ist beim Breitstreifenlaser (S = 0.9 W/A) geringfügig höher als beim Array (S = 0.8 W/A). Dafür nimmt der Anstieg der Leistungskennlinie des Breitstreifenlasers aufgrund thermischer Gewinnreduktion bereits ab Leistungen von 35 W stark ab, wohingegen das Array Leistungen von über 50 W erreicht. Die Ursachen sind der, aus dem Vergleich der Spannungskennlinien ersichtliche, geringere elektrische Serienwiderstand des Arrays sowie dessen kleinerer thermischer Widerstand. Der im Quasi-CW Betrieb ermittelte thermische Widerstand beträgt 0.54 K/W für das Array und 0.76 K/W für den Breitstreifenlaser. Diese Werte sind deutlich kleiner als die im CW Betrieb ermittelten Ergebnisse der Breitstreifenlaser, da in den 500 μs Pulsdauer noch kein thermischer Gleichgewichtszustand erreicht ist, die Temperatur der aktiven Zone also noch ansteigt [2]. Da die zeitliche Dynamik von Ladungsträgereffekten jedoch in wesentlich kleineren Zeitskalen abläuft, im QCW-Betrieb also lediglich die Thermik skaliert wird und eine aufwendige Entwärmung der Dioden entfallen kann, eignet sich diese Betriebsart gut zur effizienten Charakterisierung von Hochleistungslaserdioden.

3.2.2 Emitterkopplung in gewinnngeführten Diodenlaser-Arrays

Aufgrund des geringen lateralen Abstands der Emitter operieren diese nicht unabhängig voneinander. Die epitaktische Schichtstruktur ist zwischen den einzelnen Emittern zwar identisch, ladungsträger- und temperaturabhängige Änderungen im lateralen Brechzahlprofil haben jedoch einen starken Einfluss auf die Kopplung der Emitter untereinander. In Abb. 3.7 ist das laterale Profil der Ladungsträgerdichte für eine Array-Periode dargestellt. Es wurde, wie in [16] beschrieben, über die Lösung einer 2-D Drift-Diffusionsgleichung für die Elektronen- und Löcherdichten in den Quantengräben bestimmt. Aus der Ladungsträgerdichte sind, wie in [36] beschrieben, die ebenfalls in Abb. 3.7 dargestellten Profile des Gewinns sowie der ladungsträgerabhängige Änderung des Realteils des Brechungsindex ermittelt worden[1]. Diese Profile wurden für die numerische Bestimmung der lateralen Moden mit einer räumlichen Auflösung von 2 μm diskretisiert. Für alle simulierten optischen Ausgangsleistungen wurde das gleiche Ladungsträgerdichteprofil verwendet und so-

[1]Die Simulationen wurden von Dr. H. Wenzel am Ferdinand-Braun-Institut durchgeführt

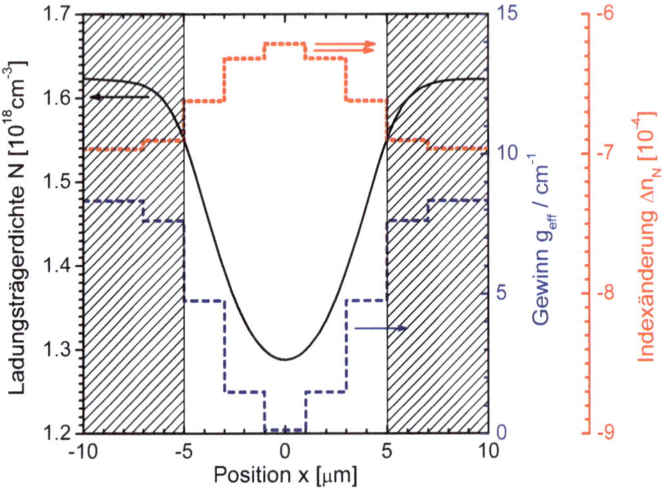

Abb. 3.7: Aus numerischen Simulationen bestimmte laterale Profile von Ladungsträgerdichte, effektivem Gewinn und ladungsträgerabhängiger Indexänderung. Die Kontaktstreifen sind durch die gestrichelten Regionen gekennzeichnet, Gewinn- und Indexprofil sind für die numerische Bestimmung der lateralen Moden mit einer räumlichen Auflösung von $2\,\mu m$ diskretisiert. Die Simulationen wurden von Dr. H. Wenzel am Ferdinand-Braun-Institut durchgeführt

mit der Einfluss thermischer Effekte, sowie das räumliche Lochbrennen bei hohen optischen Intensitäten auf die Ladungsträgerdichte $N(x)$ vernachlässigt. Dieses ist zulässig, da wie im Folgenden gezeigt wird, mit steigender Leistung die thermische Indexänderung Δn_T das laterale Brechzahlprofil (1.51) dominiert. Mit dem Finite-Elemente Software Packet NASTRAN/PATRAN wurden thermische Simulationen des Arrays für optische Ausgangsleistungen von $P = 5\,\mathrm{mW}, 5\,\mathrm{W}$ und $50\,\mathrm{W}$ durchgeführt[2]. Die zugehörigen dissipierten Verlustleistungen von $P_{\mathrm{loss}} = 4\,\mathrm{W}, 8\,\mathrm{W}$ und $112\,\mathrm{W}$ wurden der PUI Kennlinie (Abb. 3.6) entnommen. Abb. 3.8 (a) zeigt die entsprechenden simulierten lateralen Temperaturprofile an der Stelle des vertikalen epitaktischen Schichtwellenleiters mit der maximalen optischen Intensität nach einer Pulsdauer von $500\,\mu s$. Wie in Abschnitt 1.4.4 beschrieben, wird eine lineare Abhängigkeit der Brechzahländerung Δn_T von der Temperatur von $\delta n/\delta T = 2.5 \cdot 10^{-4} K^{-1}$

[2]Die Simulationen wurden von F. Schnieder am Ferdinand-Braun-Institut durchgeführt

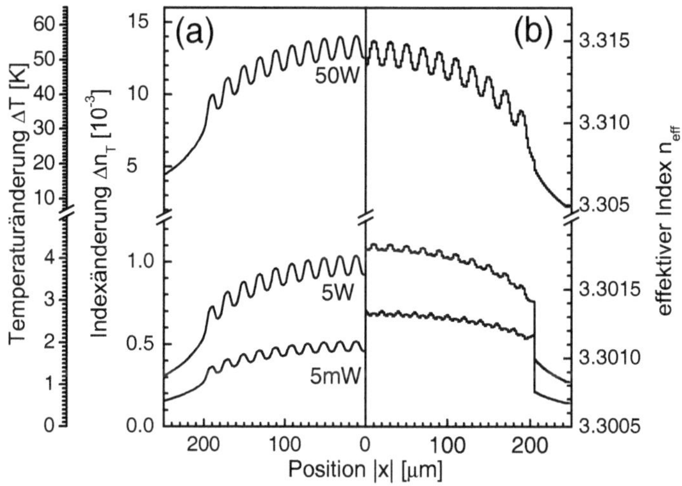

Abb. 3.8: (a) Simultierte laterale Profile der Temperatur und der temperaturabhängigen Indexänderung nach 500 μs Pulsdauer für optische Ausgangsleistungen von $P = 50\,\mathrm{W}$, $P = 5\,\mathrm{W}$ und $P = 5\,\mathrm{mW}$ (Die Simulationen wurden von F. Schnieder am Ferdinand-Braun-Institut durchgeführt) . (b) Realteil des effektiven Indexprofils inklusive thermischer sowie landungsträgerabhängiger Effekte.

angenommen. Die Erwärmung beeinflusst das Indexprofil auf zweierlei Arten. Einerseits bildet sich auch schon bei geringen Leistungen ein linsenartiges Profil über das gesamte Array aus, andererseits kommt es durch die inhomogene Verteilung der Wärmequellen über das Array zur periodischen Modulation des Brechungsindex. Das aus ladungsträgerabhängiger- und thermischer Brechzahländerung resultierende, laterale Profil des Brechungsindex bei verschiedenen optischen Leistungen ist in Abb. 3.8 (b) dargestellt. Bei niedrigen optischen Leistungen von $P = 5\,\mathrm{W}$ ist die ladungsträgerbedingte Indexabnahme unter den Kontaktstreifen von der gleichen Größenordnung wie die thermische Indexzunahme. Bei $P = 5\,\mathrm{W}$ dominiert die thermische Indexzunahme, wobei diese aber noch sehr gering ist, die Amplitude der Modulation beträgt weniger als $5 \cdot 10^{-5}$. Bei hohen Ausgangsleistungen von $P = 50\,\mathrm{W}$ wird die thermische Indexzunahme unter den Kontaktstreifen jedoch so gross, dass die entstehenden lokalen Wellenleiter ($\Delta n \approx 1.5 \cdot 10^{-3}$) die einzelnen Kontaktstreifen zunehmend voneinander entkoppeln. Die Auswirkung dieser Entkopplung auf die Abstrahlcharakteristik wird im Folgenden genauer untersucht.

3.2.3 Starke Kopplung

Zur Untersuchung der Auswirkungen der Emitterkopplung auf die Abstrahleigenschaften des Arrays wurden neben der Messung der Intensitätsverteilung im Nah- und Fernfeld der Laser auch, wie in Abschnitt 2.3.2 beschrieben, die Wigner Verteilungen des abgestrahlten, partiell kohärenten Lichtfelds experimentell rekonstruiert. Abb. 3.9 zeigt diese für $P = 5\,\text{mW}$ nahe der Laserschwelle.

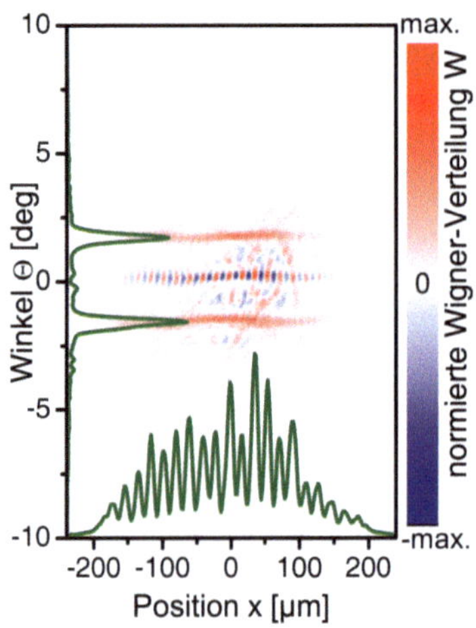

Abb. 3.9: Farbliche Darstellung der experimentell rekonstruierten Wigner-Verteilung für eine Referenzebene im Nahfeld der Laserfacette bei $P = 5\,\text{mW}$ optischer Ausgangsleistung. Zusätzlich sind die Projektionen auf die Orts- und Winkelachse aufgetragen (grün).

Die Nah- und Fernfeldverteilungen d.h. die Projektionen der WV auf die Orts- bzw. Winkelachse zeigen ein periodisch moduliertes Nahfeld von dem aus, räumlich gleichverteilt, in zwei scharf begrenzte Winkelbereiche bei $\Theta_{\pm} = \pm 1.6°$ abgestrahlt wird. Die Periode der Nahfeldmodulation entspricht mit $20\,\mu\text{m}$ der Periode der Kontaktsreifen des Arrays.

Der Informationsgehalt der Wigner-Verteilung umfasst jedoch mehr als nur die Nah- und Fernfeldverteilung. Die Wigner-Verteilung kann zur spektralen Kohärenz-

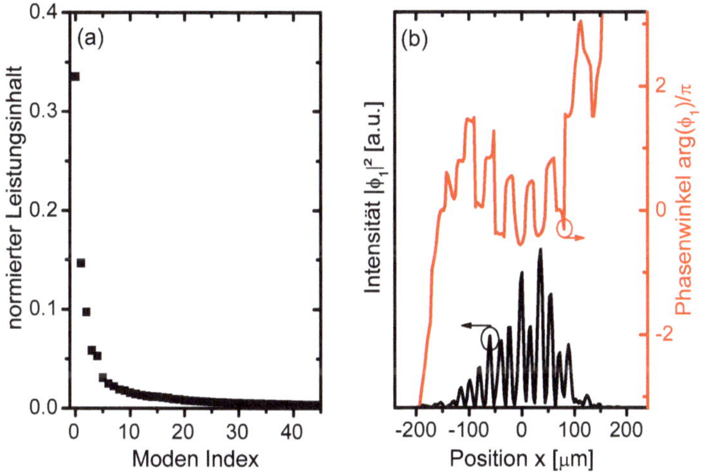

Abb. 3.10: $P = 5\,\mathrm{mW}$(a) Relativer Leistungsinhalt der ersten 40, aus der experimentell rekonstruierten Kreuzkorrelationsfunktion bestimmten Moden. (b) Nahfeld- und Phasenprofil der dominaten Mode $n = 1$

funktion transformiert werden, welche sich dann, wie in Abschnitt 2.1 beschrieben, in einen Satz kohärenter Basisfunktionen entwickeln lässt. Die den Basisfunktionen zugrunde liegenden Lichtfelder können dann jeweils einer transversalen Mode des Resonators zugeordnet werden.

Abb. 3.10(a) zeigt für $P = 5\,\mathrm{mW}$ den relativen Leistungsinhalt der 40 dominierenden, experimentell rekonstruierten Moden. Mehr als ein Drittel der Leistung ist in einer einzigen Mode konzentriert. Die Intensitäts- und Phasenverteilung dieser Mode ist in Abb. 3.10(b) dargestellt. Wie die Intensitätsverteilung des gesamten Feldes weist die Intensitätsverteilung der dominanten Mode eine Modulation mit der Periode der Kontaktstreifen auf. Die Phasenverteilung zeigt jedoch einen Sprung von etwa π zwischen benachbarten Maxima. Dieser Phasensprung zwischen benachbarten Maxima bewirkt die Abstrahlung in zwei Fernfeldkeulen. Die Abstrahlwinkel $\pm\Theta \approx \pm\lambda/\Lambda$ [4] sind durch die Periode der Phasenmodulation $\Lambda = 38\,\mathrm{pm}$ bestimmt. Neben den experimentellen Untersuchungen wurden mit den, in Abb. 3.8 dargestellten Indexprofilen und dem numerischen Werkzeug CAMFR, die geführten Moden berechnet. Einzelheiten zum numerischen Werkzeug CAMFR und die verwendeten Parameter und Randbedingen sind im Anhang B.1 aufgeführt.

Abb. 3.11(a) zeigt aus diesen Simulationen den modalen Gewinn sowie den effektiven Index der ersten 45 Moden bei $P = 5\,\mathrm{mW}$. Die Moden sind absteigend nach ihrem effektiven Index sortiert. Der Gewinn der einzelnen Moden, welcher vom Überlapp der Moden mit den Gewinnprofil abhängt, folgt jedoch nicht dieser Sortierung. Den maximalen modalen Gewinn weist die 12. Mode auf. Nah- und Fernfeld dieser Mode sind in Abb. 3.11(b) und (c) dargestellt. Die Simulation zeigt in guter Übereinstimmung mit dem Experiment eine Modulation der Intensität mit einer Periode die in etwa dem Emitterabstand von $20\,\mu\mathrm{m}$ entspricht. Die Leistung ist dabei im Zentrum der Nahfeldverteilung konzentriert, die Abstrahlung erfolgt in zwei Fernfeldkeulen unter einem Winkel von $\Theta_{\pm} = \pm 1.53°$. Der Abstand der effektiven modalen Brechungsindizes zwischen den einzelnen Moden beträgt im Bereich hohen modalen Gewinns um die 12. Mode etwa $\Delta n_{\mathrm{eff}} \approx 1.1 \cdot 10^{-5}$. Daraus ergibt sich bei

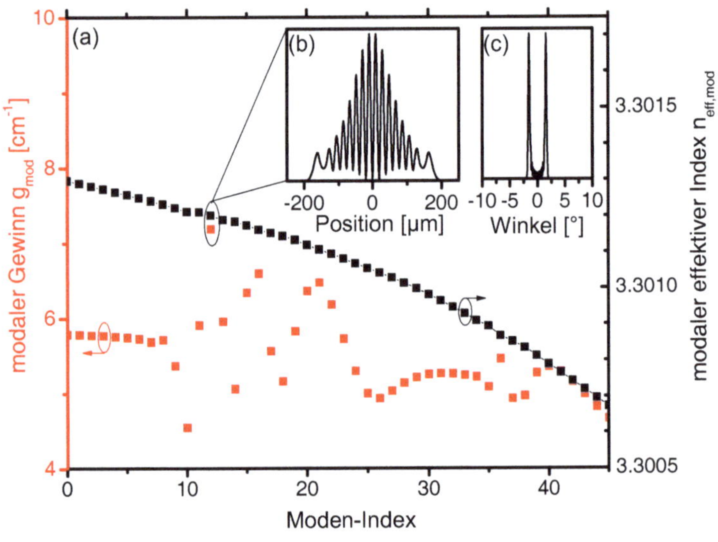

Abb. 3.11: Eigenmodenentwicklung des in Abb. 3.8 (b) dargestellten Indexprofils bei $P = 5\,\mathrm{mW}$ für $\lambda = 1060\,\mathrm{nm}$. (a) Modaler Gewinn und effektiver Index sowie laterale (b) Nah- und (c) Fernfeldverteilung der Mode mit der geringsten Dämpfung.

einer Zentralwellenlänge von $\lambda_0 = 1060\,\text{nm}$ nach (1.36) ein spektraler Abstand der lateralen Moden $\Delta\lambda \approx 3\,\text{pm}$. Die beiden Moden mit dem höchsten modalen Gewinn, die 12. und die 16. Mode, weisen jedoch einen Unterschied von $\Delta n_{\text{eff}} \approx 4 \cdot 10^{-5}$ und somit einen spektralen Abstand von $\Delta\lambda \approx 12\,\text{pm}$ auf.

Abb. 3.12 zeigt einen Ausschnitt des gemessenen optischen Spektrums des Lasers bei steigender optischer Ausgangsleistung nahe der Laserschwelle. Diese Messungen sind im Gegensatz zu allen anderen Messungen an den Laser-Arrays im Dauerstrichbetrieb (CW) vorgenommen worden, da sich durch die Erwärmung im Verlauf eines Strompulses die optischen Spektren zu längeren Wellenlängen verschieben und sich Strukturen in der zeitlich integrierten Spektrenmessung nicht mehr auflösen lassen.

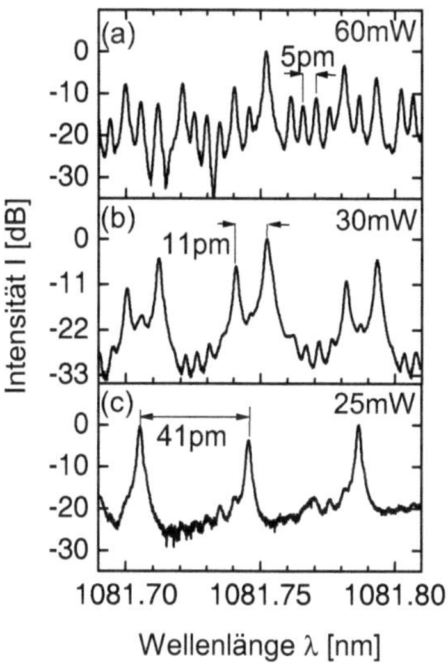

Abb. 3.12: Optisches Spektrum (Ausschnitt) des Laser-Arrays bei verschiedenen optischen Ausgangsleistungen nahe der Laserschwelle .

Kurz oberhalb der Laserschwelle bei $P = 25\,\text{mW}$ zeigt das optische Spektrum Maxima im Abstand von 41 pm. Nach (1.35) ergibt sich für einen $L = 4\,\text{mm}$ langen Resonator mit einem Gruppenindex von $n_g = 3.6$ und einer Zentralwellenlänge von $\lambda = 1000\,\text{nm}$ ein spektraler Abstand der longitudinalen Moden, auch freier Spektralbereich FSB genannt, von $\Delta\lambda = 39\,\text{pm}$. Das optische Feld weist also anscheinend nur eine laterale Mode auf. Schon bei geringfügig höheren Ausgangsleistung von $P = 30\,\text{mW}$ erscheinen weitere Maxima im Abstand von 10 pm. Dies ist, wie bereits

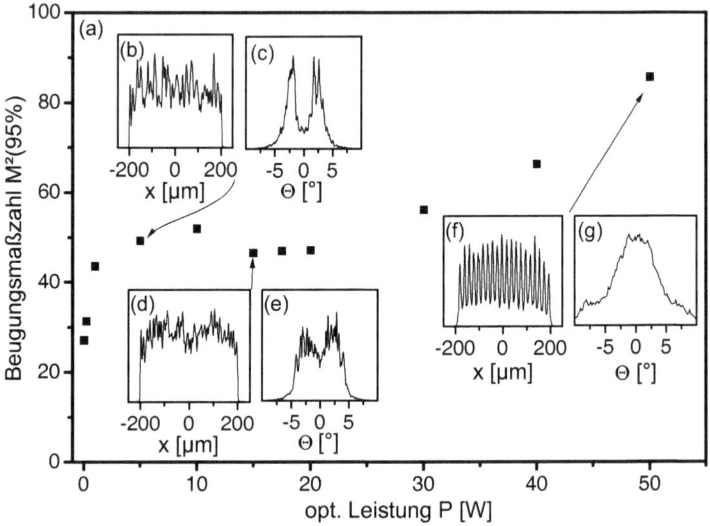

Abb. 3.13: (a) Beugungsmaßzahl M^2 des gewinngeführten Arrays als Funktion der Ausgangsleistung.(b),(d),(f) Nahfeldprofile und (c),(e),(g) Fernfeldprofile bei ausgewählten Leistungen. Die Beugungsmaßzahl bezieht sich auf den Einschluss von 95% der Gesamtleistung.

erläutert, annähernd der spektrale Abstand, welcher sich aus den Simulationen für die beiden lateralen Moden mit dem höchsten modalen Gewinn ergibt. Bei weiterer Erhöhung der Ausgangsleistung nimmt die Anzahl der Maxima im Spektrum weiter zu. So gibt es bei $P = 60\,\mathrm{mW}$ bereits 7 Moden pro FSB mit einem mittleren Abstand von $\Delta\lambda = 5\,\mathrm{pm}$. Wird die Ausgangsleistung darüber hinaus gesteigert, sind die einzelnen Maxima mit dem verwendeten Spektrometer (ELIAS, LTD Lasertechnik Berlin) nicht mehr auflösbar.

Mit der Anzahl der lateralen Moden, welche die Laserschwelle erreichen, ändert sich die Abstrahlcharakteristik des Arrays deutlich. In Abb. 3.13 sind die Beugungsmaßzahl M^2 in Abhängigkeit von der optischen Ausgangsleistung sowie die Nah- und Fernfeldverteilungen bei ausgewählten Leistungen dargestellt. Ursächlich hierfür ist die oben beschriebene Änderung im Indexprofil, welche bei höheren Leistungen durch die zunehmende Erwärmung auftritt.

3.2.4 Schwache Kopplung

Bei hohen Ausgangsleistungen wird die thermische Indexzunahme unter den Kontaktstreifen so groß, dass die entstehenden lokalen Wellenleiter ($\Delta n \approx 1.5 \times 10^{-3}$) die einzelnen Kontaktstreifen zunehmend voneinander entkoppeln. Abb. 3.14 zeigt die experimentell rekonstruierte Wigner-Verteilung des Arrays bei $P = 50\,\mathrm{W}$.

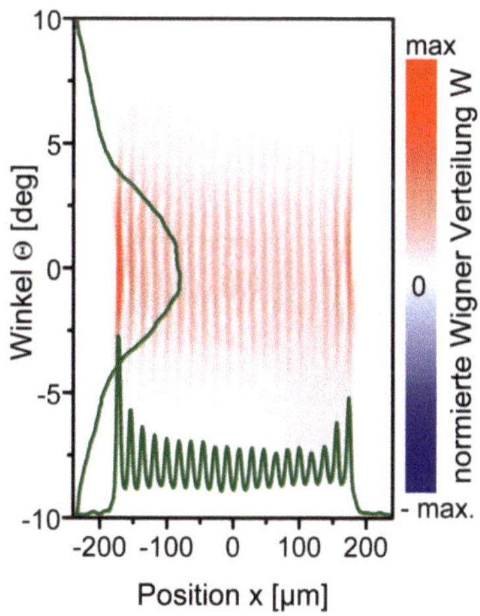

Abb. 3.14: Farbliche Darstellung der experimentell rekonstruierten Wigner-Verteilung für eine Referenzebene im Nahfeld der Laserfacette bei $P = 50\,\mathrm{W}$ optischer Ausgangsleistung. Zusätzlich sind die Projektionen auf die Orts- und Winkelachse aufgetragen (grün)

Das Nahfeld, d.h. die Projektionen der WV auf die Ortsachse, weist eine Modulation mit der Periode der Kontaktstreifen von $20\,\mu\mathrm{m}$ auf. Von jedem der Maxima wird jeweils in einen breiten Winkelbereich abgestrahlt.

Abb. 3.15(a) zeigt den relativen Leistungsinhalt der ersten 45 aus der WV rekonstruierten, lateralen Moden. Das Modenspektrum weist einen deutlichen Sprung nach der 20. Mode und einen kleineren Sprung nach der 40. Mode auf, wobei die ersten 20 Moden etwa 50% und die nächsten 20 Moden etwa 20% der Gesamtleistung beinhalten. In Abb. 3.15(b) sind die Nah- und in Abb. 3.15(c) die Fernfeldverteilung der ersten Mode sowie die der Überlagerung der ersten 20 Moden aufgetragen. Die Moden weisen jeweils ein unter einem der Kontaktsreifen konzentriertes Intensitätsmaximum im Nahfeld und eine zentrale Fernfeldkeule auf. Die ersten 20 Moden

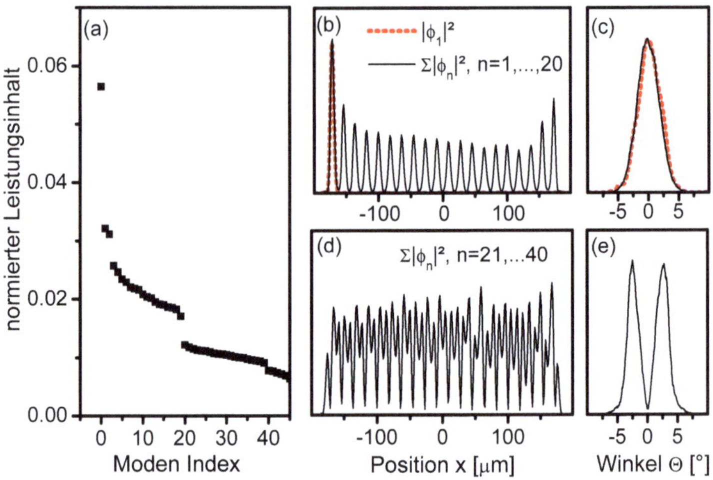

Abb. 3.15: $P = 50\,\mathrm{W}$(a) Relativer Leistungsinhalt der ersten 45 aus der experimentell rekonstruierten Wigner-Verteilung bestimmten Moden. (b) Nahfeldprofil und (c) Fernfeldprofil der Mode $n = 1$ (rot) sowie der inkohärenten Überlagerung der Moden $n = 1, ..., 20$ (schwarz). (b) Nahfeldprofil und (c) Fernfeldprofil der inkohärenten Überlagerung der Moden $n = 21, ..., 40$.

werden daher nachfolgend als die fundamentalen Moden der Einzelstreifen bezeichnet. Die Moden 21 bis 40 sind auch jeweils unter einem Kontaktstreifen konzentriert, weisen jedoch, wie in Abb. 3.15(d) und (e) dargestellt, zwei Intensitätsmaxima im Nah- sowie im Fernfeld auf.

Das Fernfeld der Moden 21 bis 40 ist wesentlich breiter als das der ersten 20 Moden, sie sind also ausschlaggebend für die Zunahme der Divergenz und der Beugungsmaßzahl M^2 des Arrays bei hohen Leistungen.

Die Konzentration der Moden auf die Kontaktstreifen sowie die Aufspaltung in fundamentale und höhere Einzelstreifen-Moden kann auch in der Simulation nachgewiesen werden. Abb. 3.16(a) zeigt den modalen Gewinn g_{mod} der, nach absteigenden effektiven Indizes $n_{\mathrm{eff,mod}}$ sortierten, ersten 31 Moden. Die Moden in Abb. 3.11 im Falle starker Emitterkopplung ($P = 5\,\mathrm{mW}$) zeigen eine starke Diskriminierung hinsichtlich ihres Gewinns g_{mod}. Im Falle schwacher Kopplung ($P = 50\,\mathrm{W}$) teilen sich

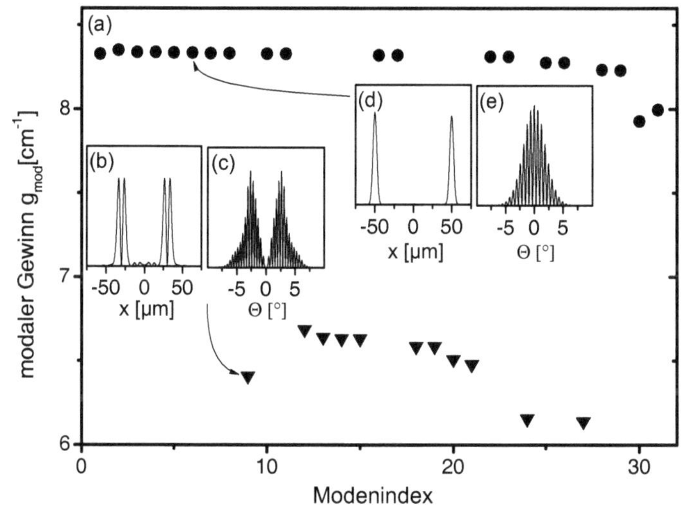

Abb. 3.16: Eigenmodenentwicklung des in Abb. 3.8 (b) dargestellten Indexprofils bei $P = 50\,\mathrm{W}$ für $\lambda = 1060\,\mathrm{nm}$. (a) Modaler Gewinn und effektiver Index sowie laterale (b) Nah- und (c) Fernfeldverteilung einer fundamentalen Streifenmode sowie (d) und (e) einer Streifenmode 2. Ordnung.

die Moden in zwei Gruppen mit jeweils fast gleichem Gewinn. In eine Gruppe mit $g_{\mathrm{mod}} > 8\,\mathrm{cm}^{-1}$ und eine Gruppe mit $g_{\mathrm{mod}} < 7\,\mathrm{cm}^{-1}$. Die einzelnen Moden sind jeweils symmetrisch zur Arraymitte unter zwei Kontaktstreifen konzentriert. Das Nahfeld der Moden mit größerem Gewinn weist jeweils ein Maximum, das der Moden mit niedrigerem Gewinn jeweils zwei Maxima unter den Kontaktstreifen auf (siehe Abb. 3.16(b)(d)). Sie werden im Folgenden analog zu den experimentellen Ergebnissen als fundamentale und höhere Einzelstreifen-Moden bezeichnet. Die Simulation findet die fundamentalen Streifenmoden jeweils als Paare mit fast identischem effektiven Index und modalem Gewinn. Die 20 fundamentalen Moden werden komplett gefunden, die höheren Einzelstreifenmoden jedoch nicht vollständig. Das Fernfeld der einzelnen Moden ist zwar stark moduliert, bei inkohärenter Überlagerung aller Moden erhält man jedoch in Übereinstimmung mit den experimentellen Ergebnissen ebenso für die fundamentalen Einzelstreifenmoden mit größerem Gewinn jeweils ein Maximum und für die höheren Moden mit niedrigerem Gewinn jeweils zwei Intensitätsmaxima.

3.3 Zusammenfassung

Es wurde gezeigt, wie sich die maximale Ausgangsleistung von Breitstreifenlasern durch die Vergrößerung der Streifenbreite von $P_{\text{max}} = 2\,\text{W}$ bei $5\,\mu\text{m}$ Breite auf über $27\,\text{W}$ bei einer Streifenbreite von $200\,\mu\text{m}$ erhöhen lässt. Bei weiterer Vergrößerung der Streifenbreite wurde, um dem Anschwingen von Ringmoden vorzubeugen, der Kontaktstreifen in mehrere schmale Einzelemitter unterteilt. Mit einem solchen gewinngeführten Laser-Array von $400\,\mu\text{m}$ Aperturbreite konnten Ausgangsleistungen von über $50\,\text{W}$ erreicht werden.

Das laterale Brechzahlprofil und somit die laterale Abstrahlcharakteristik wird bei hohen Ausgangsleistungen vom Einfluss der thermischen Brechzahlerhöhung dominiert. Aufgrund der geringeren Konversionseffizienz ist der thermische Brechzahlanstieg und die daraus folgende Zunahme der Strahldivergenz mit der optischen Ausgangsleistung bei schmaleren Streifenbreiten größer. Die geringere Zunahme der thermischen Fernfeldverbreiterung bei breiteren Streifen kompensiert jedoch, im Hinblick auf eine geringe Beugungsmaßzahl, nicht deren größere Nahfeldbreite.

Beim Laser-Array ist die Änderung der Kopplung der einzelnen Emitter bei steigender Ausgangsleistung und damit die Änderung in der Abstrahlcharakteristik ebenfalls hauptsächlich durch die thermische Brechzahländerung bestimmt. Zur Untersuchung des Einflusses der Emitterkopplung auf die räumliche Kohärenz des emittierten Lichts wurde in dieser Arbeit die Wigner-Verteilung des partiell kohärenten Lichtfeldes experimentell rekonstruiert. Dafür wurde das, u.a. von B. Eppich in den 90er Jahren [62] entwickelte, jedoch seitdem selten verwendete, experimentelle Verfahren der Phasenraum Tomographie angewandt. Zusätzlich wurden Simulationen des sich im Array ergebenden lateralen Brechzahlprofils und der sich daraus ergebenden lateralen Moden nebst deren modalem Gewinn durchgeführt. Die Simulationen reproduzieren gut die experimentell rekonstruierten lateralen Moden und untermauern so die experimentelle Methode.

So wurde gezeigt, dass im Falle sehr schwacher Kopplung, welche bei hohen Ausgangsleistungen auftritt, das vom Array abgestrahlte Licht die inkohärente Überlagerung der Abstrahlungen der einzelnen Emitter ist. Es wurde weiterhin gezeigt, dass die lateralen Obermoden der einzelnen Streifen die Abstrahlcharakteristik des Arrays im Hochleistungsbetrieb maßgeblich verschlechtern. Im idealen Fall, wenn alle Einzelemitter in ihrer fundamentalen Mode mit jeweils einer Beugungsmaßzahl von $M^2 = 1$ operieren, würde die Beugungsmaßzahl des Arrays, bei inkohärenter Überlagerung von 20 Emittern mit einem Tastverhältnis von 50%, mindestens $M^2 = 39$ betragen. Zum Vergleich weist ein Breitstreifenlaser mit gleicher elektrischer Kontaktfläche, jedoch entsprechend halber Aperturbreite, eine Beugungsmaßzahl zwischen 20 und 30 im linearen Bereich seiner Leistungskennlinie auf. Für ein Array, bei dem die einzelnen Emittern z.B. durch interne Gitterstrukturen unterschiedliche Emissionswellenlängen aufweisen, wäre es jedoch prinzipiell denkbar, die einzelnen Emitter mittels spektraler Strahlkombination über dispersive optische Elemente wieder zu überlagern und somit die Beugungsmaßzahl deutlich zu reduzieren.

Kapitel 4

Neuartiger instabiler Diodenlaser-Resonator mit Oberflächengittern

Resonatorkonfigurationen, die in den instabilen Bereich des Stabilitätsdiagramms (Abb.1.4 (b)) fallen, werden bei Gas- und Festkörperlasern erfolgreich eingesetzt. Sie erzeugen zwar keinen Gausstrahl, bieten aber ein großes Modenvolumen sowie eine gute Unterdrückung höherer transversaler Moden [17], was sie für Hochleistungslaser prädestiniert.

Auch bei Diodenlasern wurden instabile Resonatorkonfigurationen mit gekrümmten Reflektoren, wie z.B. gekrümmten Facetten [18, 19] oder gekrümmten Bragg-Gittern [20–22] vielfach realisiert. Mit diesen Resonatoren wurden zwar Verbesserungen der Strahlqualität im Vergleich zu Breitstreifenlasern bei Injektionsströmen nahe der Laserschwelle nachgewiesen, Ergebnisse für höhere Ausgangsleistungen über 2 W wurden jedoch nicht publiziert. Häufig ist die Rauheit der gekrümmten Flächen ein technologisches Problem.

Ein anderes Konzept sind Trapezlaser, englisch Tapered Unstable Resonator Laser (TURL), welche die bei der Vereinzelung der Laserchips entstehenden atomar glatten Facetten als Spiegel nutzen. Zur Modenselektion ist bei diesen Lasern ein Teil des Resonators als Rippenwellenleiter (RW) ausgeführt. Breite und Indexsprung des Rippenwellenleiters erlauben nur die Führung der fundamentalen lateralen Mode. Der Rest des Resonators ist durch die Strominjektion in einer sich trapezförmig zur

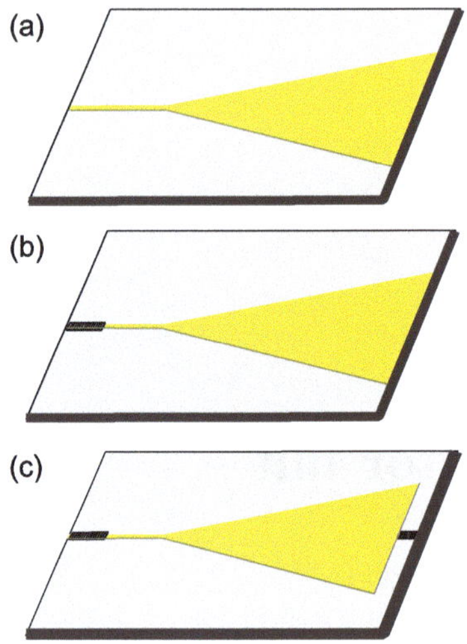

Abb. 4.1: Schematische Draufsicht auf verschiedene Trapezlaser-varianten. (a) TURL: Front- und Rückreflektivität durch Spaltfacetten, (b) DBR-TURL: Rückreflektivität durch Bragg-Gitter. (c) FATURL(Bedford): Front- und Rückreflektivität durch Bragg-Gitter, wobei das Frontgitter nur einen kleinen Teil der Auskoppel-Apertur einnimmt.

Auskoppelfacette hin öffnenden, elektrischen Kontaktfläche definiert. In diesem Teil des Resonators breitet sich der Strahl divergierend aus. Nach der Reflexion an der Auskoppelfacette wird jedoch nur ein geringer Teil des Lichtes wieder in den Rippenwellenleiter eingekoppelt, der Rest wird im elektrisch nicht gepumpten Bereich der Trapezsektion absorbiert, wodurch hohe Umlaufverluste entstehen. Auch wenn er sich nicht in das Stabilitätsdiagramm (Abb. 1.4 (b)) einordnen lässt, weist der Trapezlaser-Resonator somit die charakteristischen Eigenschaften instabiler Resonatoren auf. Von diesem in Abb. 4.1 (a) schematisch dargestellten TURL-Konzept gibt es zahlreiche Variationen. So kann durch das Einbringen eines Bragg-Gitters, engl. Distributed Bragg Reflektor DBR, in den RW eine zusätzliche Wellenlängenselektion und somit eine Reduktion der spektralen Breite erreicht werden. In Abb. 4.1 (b) ist ein DBR-TURL schematisch dargestellt. Mit DBR-TURL sind optische Leistungen von bis zu 10 W im Dauerstrichbetrieb erreicht worden [68]. In diesem Leistungsbereich verschlechtert sich jedoch die bei kleineren Leistungen nahezu beugungsbegrenzten lateralen Strahleigenschaften deutlich.

Abb.4.1 (c) zeigt schematisch eine weitere Variation, welche 2002 von Bedford [69, 70] vorgestellt wurde. Er implementiert einen weiteren DBR als Frontreflektor, dessen Breite jedoch nur einen kleinen Teil der Frontapertur einnimmt. Dieser dient

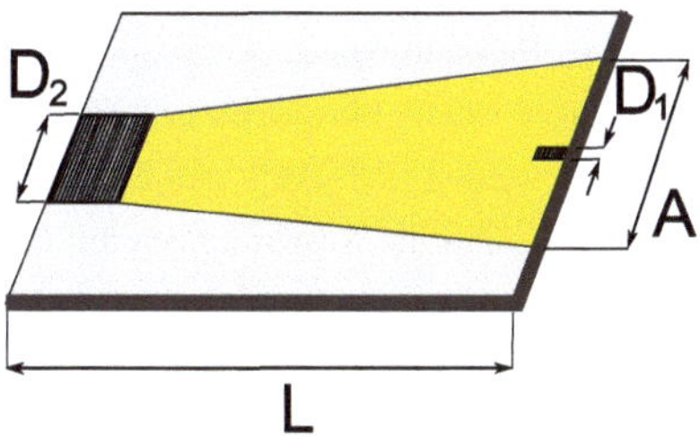

Abb. 4.2: Schematische Draufsicht des neuartigen Konzepts eines Finite Aperture Tapered Unstable Laser (FATURL).

vor allem dazu, die optischen Verluste in den ungepumpten Bereich nach der Reflexion an der Auskoppelfacette zu verringern und somit die Schwellenstromdichte zu senken. Am RW als Modenfilter wird jedoch festgehalten. Da der Frontreflektor kleiner als die Auskoppelapertur ist, verwendet Bedford für diesen Laser die Bezeichnung Finite Aperture Tapered Unstable Resonator (FATURL).

In diesem Kapitel wird ein neuartiges Konzept eines FATURL vorgestellt. Ähnlich wie Bedfords Ansatz weist der Laserresonator eine trapezförmig strukturierte elektrische Kontaktfläche sowie einen DBR als Frontreflektor auf, welcher schmaler als die Ausgangsapertur ist. Im Gegensatz zu herkömmlichen TURL und dem FATURL von Bedford wird jedoch auf einen RW als Modenfilter verzichtet und statt dessen ein zweiter, wesentlich breiterer DBR als Rückreflekor verwendet. Wie aus der schematischen Draufsicht in Abb. 4.2 zu sehen ist, bietet dieser Ansatz den Vorteil eines im Vergleich zum TURL und Bedfords FATURL bei gleicher Länge wesentlich größeren Modenvolumens.

Für die Unterdrückung höherer lateraler Moden wird ausgenutzt, dass sich in instabilen Resonatoren bei Variation, der die divergente Strahlausbreitung limitierenden Blende, die Umlaufverluste der Resonatormoden unterschiedlich ändern. Als modendiskriminierende Blende wird beim neuartigen FATURL die Breite des rückwärtigen DBR D_2 verwendet. Es gibt verschiedene Resonatorgeometrien großer Modendiskriminierung, bei denen die Verluste der Grundmode und der Moden höherer Ordnung einen besonders großen Unterscheid aufweisen. Diese Geometrien zeichnen sich durch einen reduzierten Strahlparameter M^2 aus.

Dieses Kapitel ist folgendermaßen gegliedert. In Abschnitt 4.1 wird auf das Design und die Eigenschaften der als Resonatorspiegel verwendeten Oberflächengitter und in Abschnitt 4.2 auf die resultierenden elekto-optischen Eigenschaften der FATURL eingegangen. In Abschnitt 4.3 werden in Theorie und Experiment die Ursachen der lateralen Modendiskriminierung und die Auswirkungen auf die Strahleigenschaften untersucht. Danach wird in den Abschnitten 4.4 und 4.5 ladungsträgerdichte- und thermisch-induzierte Selbstfokussierung als Ursachen der Degradation der Strahleigenschaften bei Leistungsskalierung identifiziert und abschließend in Abschnitt 4.6 auf Möglichkeiten zur Optimierung der Konatktgeometrie eingegangen.

4.1 Oberflächengitter als Resonatorspiegel

Durch Variation des Brechungsindex $n(z)$ in Propagationsrichtung z über eine Länge L_G mit einer Periode Λ, die dem ganzzahligen Vielfachen m der halben mittleren Wellenlänge im Medium $\tilde{\lambda}$ entspricht

$$\Lambda = m\frac{\tilde{\lambda}}{2}, \; \tilde{\lambda} = \lambda_0/(\int n(z)dz/L_G) \tag{4.1}$$

erreicht man, dass das an den Grenzflächen transmittierte und reflektierte Licht in Phase ist. Mit hinreichend langem L_G lassen sich auch bei geringem Brechzahlkontrast hohe Reflektivitäten erreichen. Dieser Effekt der verteilten Rückkopplung wurde zuerst in der Kristallographie bei der Streuung von Röntgenstrahlen von Sir W.H. Bragg und seinem Sohn Sir W.L. Bragg entdeckt. Nach ihnen wird (4.1) als Bragg-Bedingug und Halbleiterstrukturen mit eingeprägter Indexmodulation, die als Reflektoren benutzt werden, als Distributed Bragg Reflectors (DBR) bezeichnet. In kantenemittierenden Diodenlasern ist zur Herstellung solcher Gitterstrukturen eine Strukturierung der Wafer in der Epitaxiebene erforderlich. Beim als 2-Schritt-Epitaxie bekannten Verfahren wird das epitaktische Schichtwachstum in der gewünschten Gitterebene unterbrochen. Dort wird der Wafer mit lithographischen Ätztechniken strukturiert. Anschließend erfolgt die Fortsetzung der Epitaxie. Alternativ kann in einen in einem Schritt gewachsenen Wafer ein DBR durch die Ätzung von Gräben in die vertikale Wellenleiterstruktur eingebracht werden. Bei den in dieser Arbeit untersuchten DBR wurden solche Oberflächengitter der Ordnung $m = 6$ verwendet. Die für Licht mit einer Vakuumwellenlänge von $\lambda_0 \approx 1\,\mu$m resultierende, relativ große Periode von $\Lambda \approx 1\,\mu$m erlaubt die flexible und kostengünstige

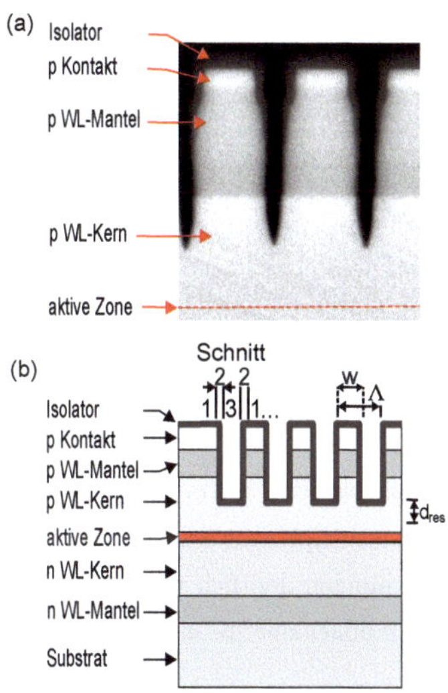

Abb. 4.3: (a) Rasterelektronenmikroskopie Aufnahme eines trockenchemisch geätzten DBR. Die aktive Zone wurde zur Verdeutlichung rot markiert. (b) Schematischer Querschnitt des der Simulation zugrunde liegenden DBR-Schichtmodels. w ist die Länge des ungeätzten Teils einer Periode der Länge Λ, d_{res} ist die verbleibende Dicke des p Wellenleiter-Mantels im geätzten Bereich.

Verwendung von Wafer-Steppern für die Projektionslithographie. Der Übertrag der Strukturen erfolgt mittels reaktivem Ionenätzen (RIE) mit einem BCl_3/Ar Plasma [71]. Die Brechzahl von Luft ($n = 1$) bzw. eines aufgebrachten Isolators z.B. SiN ($n = 1.95$) erzeugt dabei die Indexmodulation gegenüber dem Halbleitermaterial ($n \approx 3.3$). Abb. 4.3 (a) zeigt eine Rasterelektronenmikroskop (REM) Aufnahme eines solchen Oberflächengitters.

Zur Simulation der Gitterwirkung wird der vertikale Wellenleiter, wie in Abb. 4.3 (b) dargestellt, in longitudinal homogene Schnitte aufgeteilt. Laterale Effekte werden dabei nicht berücksichtigt, d.h. in lateraler Richtung werden ebene Wellenfronten angenommen. Mit dem numerischen Werkzeug CAMFR werden die Eigenmoden in den einzelnen Schnitten und über die Reflexions- und Transmissionsmatrizen der Moden an den Schnitträndern die Reflexions- und Transmissionsmatrizen für das gesamte DBR bestimmt. Einzelheiten zum numerischen Werkzeug CAMFR und die verwendeten Parameter und Randbedingen befinden sich im Anhang B.1. Neben der Gitterordnung m und der Periode Λ sind auch das Tastverhältnis w/Λ der Länge des nicht geätzten Teils der Periode zur Periodenlänge, sowie die verbleibende Dicke des p-seitigen Wellenleiter Kerns über der aktiven Zone d_{res} im geätzten Bereich wichtige Parameter der Oberflächengitter. Wie in Abb. 4.3 (a) zu sehen ist, entstehen im RIE Prozess Gitterfurchen, die sich mit zunehmender Tiefe verengen. Das Tastverhältnis der hergestellten Gitter nimmt also mit der Tiefe zu, wobei das maximal erreichbare Tastverhältnis etwa $w/\Lambda = 0.92$ beträgt. Im für die Simulation verwendeten Model longitudinal stückweise homogener, vertikaler Wellenleiter kann diese kontinuierliche Verengung durch mehrere, hinreichend kurze Schnitte approximiert werden. Vorhergehende Arbeiten[1] haben gezeigt, dass eine Diskretisierung in etwa 15 einzelne Schnitte ausreichend ist. Die Arbeiten haben jedoch auch gezeigt, dass bei einer rechteckigen Approximation der Gitterprofile, wie in Abb. 4.3 (b) dargestellt, die qualitativen Aussagen zur Abhängigkeit der spektralen Reflektivitätsverteilung von den Gitterparametern nahezu unbeeinflusst bleiben. Die berechneten absoluten Reflektivitäten sind dabei jedoch, je nach Epitaxiestruktur, um $10-15\%$ geringer. Da die Dauer der numerischen Berechnungen deutlich von der Anzahl der untersuchten Schnitte abhängt, wurde für die Simulationen die einfache, rechteckige Approximation der Gitter verwendet.

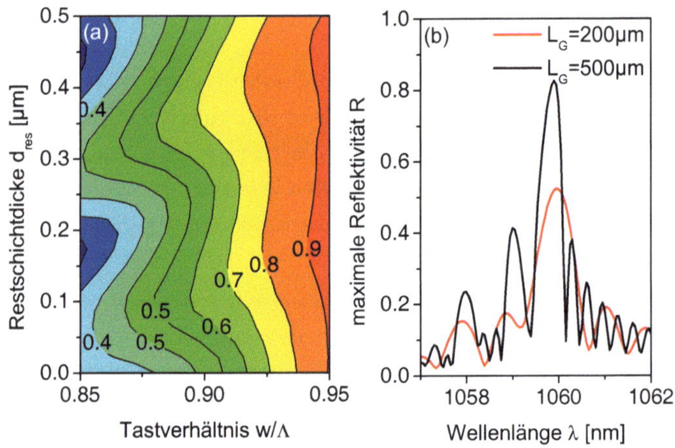

Abb. 4.4: Simulation von Oberflächengittern der Ordnung $m = 6$. (a) Maximale Intensitätsreflektivität der vertikalen Grundmode als Funktion von Tastverhältnis w/λ und Restschichtdicke des p-WL d_{res} eines 500 μm langen Oberflächengitters. (b) Refelexionsspektrum für verschiedene Gitterlängen ($w/\Lambda = 0.92$, $d_{\mathrm{res}} = 0.35\,\mu$m).

[1]Die Arbeiten wurden von M. Übernickel und Dr. J. Fricke am FBH durchgeführt.

Abb. 4.4(a) zeigt die Abhängigkeit der Gitterreflektivität von Tastverhältnis w/Λ und p-WL Restschichtdicke d_{res} für ein 500 μm langes Gitter 6. Ordnung, basierend auf der im Anhang A aufgeführten epitaktischen Struktur B. Ein hohes Tastverhältnis $w/\Lambda > 0.9$ ist entscheidend für hohe Reflektivitäten. Für die untersuchte Epitaxiestruktur ist bei einem Tastverhältnis von $w/\Lambda = 0.92$ eine Restschichtdicke von $d_{\text{res}} = 0.35\,\mu$m optimal. Abb. 4.4(b) zeigt für ein solches Gitter die Abhängigkeit der Reflektivität von der Wellenlänge für eine Gitterlänge von 200 μm bzw. 500 μm. Mit zunehmender Gitterlänge nimmt die spektrale Breite des Hauptmaximums ab und dessen maximale Reflektivität sowie die Anzahl der Nebenmaxima zu. Für 200 μm lange Gitter ergibt sich eine maximale Intensitätsreflektivität von $R = 0.52$ und für 500 μm lange Gitter von $R = 0.83$. Für das Rück-DBR der FATURL wären höhere Reflektivitäten zwar wünschenswert, aus den Simulationen geht jedoch hervor, dass sich die Reflektivität mit Oberflächengittern solch hoher Ordnung selbst bei weiterer Verlängerung der Gitter nicht weiter steigern lässt.

4.2 Elektro-optische Eigenschaften

Am Ferdinand Braun Institut wurden FATURL mit den in Tabelle 4.1 aufgeführten Geometrien hergestellt. Die Laser sind für eine Emissionswellenlänge um 1060 nm ausgelegt, Einzelheiten zur Epitaxiestruktur und Montage der Laser finden sich im Anhang A unter Struktur B. Den Ergebnissen der Gittersimulationen entsprechend waren die Zielparameter der Gitterätzung eine Restschichtdicke von $d_{\text{res}} = 0.35\,\mu$m sowie ein möglichst hohes Tastverhältnis.

Symbol	Beschreibung	Einheit	Wert
L	Resonatorlänge	μm	4000
L_{DBR1}	Front-DBR Länge	μm	200
L_{DBR2}	Rück-DBR Länge	μm	500
D_1	Front-DBR Breite	μm	20
D_2	Rück-DBR Breite	μm	$60, 65, ..., 95$
A	Front-Apertur	μm	200

Tab. 4.1: Geometrische Parameter der untersuchten FATURL

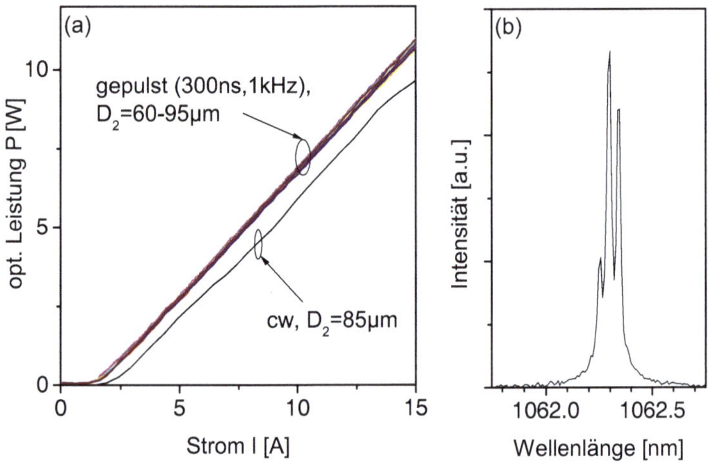

Abb. 4.5: (a) Leistungs-Strom-Kennlinien für FATURL mit Rück-DBR breiten $D_2 = 60\,\mu$m bis $95\,\mu$m im Pulsbetrieb mit 300 ns Pulslänge und 1 kHz Folgefrequenz sowie eines FATURL mit $D_2 = 85\,\mu$m im Dauerstrich (CW)-Betrieb. (b) Optisches Spektrum eines FATURL mit $D_2 = 85\,\mu$m im Pulsbetrieb bei $I = 3$ A.

Zur Untersuchung des Einflusses der Gittergeometrie auf die elektro-optischen Eigenschaften der Laser ohne den Einfluss thermischer Effekte wurden die Laser zuerst im gepulsten Betrieb mit einer Injektionsstrom-Pulsbreite von 300 ns und einer Frequenz von 1 kHz untersucht. Abb. 4.5(a) zeigt die entsprechenden Leistungs-Strom Kennlinien. Schwellenstrom $I_{\text{th}} \approx 1.6$ A und Anstieg $S \approx 0.8$ W/A sind für alle untersuchten Rück-DBR-Breiten nahezu identisch. In Abb. 4.5(b) ist für eine Rück-DBR-Breite von $D_2 = 85\,\mu$m das optischen Spektrum bei $I = 3$ A dargestellt. Es besteht aus drei Maxima in einem spektralen Abstand von $\Delta\lambda = 45$ pm. Dieser spektrale Abstand entspricht, nach (1.35) bei einem Gruppenindex von $n_g = 3.6$, dem longitudinalen Modenabstand in einem Resonator der Länge $L = 3.5$ mm. Der Abstand zwischen Front- und Rück-DBR beträgt $L_0 = 3.3\,\mu$m. Das Licht wird jedoch nicht an den ersten Perioden, sondern verteilt über die Gitterlänge reflektiert. Die effektive Eindringtiefe in ein DBR der Länge L_G mit dem Kopplungskoeffizienten κ kann mit

$$L_{\text{eff}} \approx (1/2\kappa)\tanh(\kappa L_G) \tag{4.2}$$

abgeschätzt werden [3]. Ein bei dieser Position, statt dem Gitter, eingesetzter Spiegel erzeugt an der Position des Gitterbeginns die gleiche Phasendifferenz wie das Gitter. Mit dem aus den Gittersimulationen bestimmten Kopplungskoeffizienten $\kappa = 3500\,\text{m}^{-1}$ ergibt sich für das Front-DBR $L_{\text{eff,DBR1}} = 90\,\mu\text{m}$ und für das Rück-DBR $L_{\text{eff,DBR1}} = 130\,\mu\text{m}$. Die effektive Resonatorlänge beträgt also

$$L_0 + L_{\text{eff,DBR1}} + L_{\text{eff,DBR2}} = 3.52\,\text{mm}, \tag{4.3}$$

was gut zu den spektralen Ergebnissen passt und die berechneten Gitterreflektivitäten bestätigt. Wie auch aus den Simulationen (Abb. 4.4) ersichtlich, sind also die Maxima des Reflexionsspektrums der Gitter mehrere longitudinale Modenabstände breit.

Der Einfluss der Erwärmung mit steigendem Injektionsstrom im Dauerstrich(CW)-Betrieb auf die elektro-optischen Eigenschaften wird exemplarisch an einem FA-TURL mit der Rück-DBR Breite $D_2 = 85\,\mu\text{m}$ untersucht. Die in Abb. 4.5(a) dargestellte Kennlinie zeigt im Vergleich zum Pulsbetrieb einen deutlich höheren Schwellenstrom von 2.0 A, die Steigung nahe der Schwelle ist jedoch mit $S = 0.75\,\text{W/A}$ nur geringfügig kleiner. Bei höheren Injektionsströmen $I > 10\,\text{A}$ nimmt im CW-Betrieb der Anstieg schnell ab.

Wie in Abschnitt (1.4.4) erläutert, führt eine Zunahme der Temperatur zur Verringerung der Bandlückenenergie und zum Anstieg der Brechzahl. Als Konsequenz treten folgende Effekte im Spektrum auf:

(I) eine Rotverschiebung des Maximums des optischen Gewinns

(II) eine Rotverschiebung der longitudinalen Resonatormoden

(III) eine Rotverschiebung der Reflexionsspektren von Front- und Rück-DBR

Das Gewinnmaximum verschiebt sich am schnellsten mit der Temperatur. Bei einem Konversionswirkungsgrad von 50% und unter der Annahme eines thermischen Widerstand von ca. 2 K/W (siehe Abschnitt 3.1) sowie einer linearen Abhängigkeit von $\delta\lambda/\delta T = 0.41\,\text{nm/K}$ [38] ergibt sich eine Verschiebung von 0.8 nm/A. Der Anstieg des Schwellenstroms im Vergleich zum gepulsten Betrieb sowie das frühe

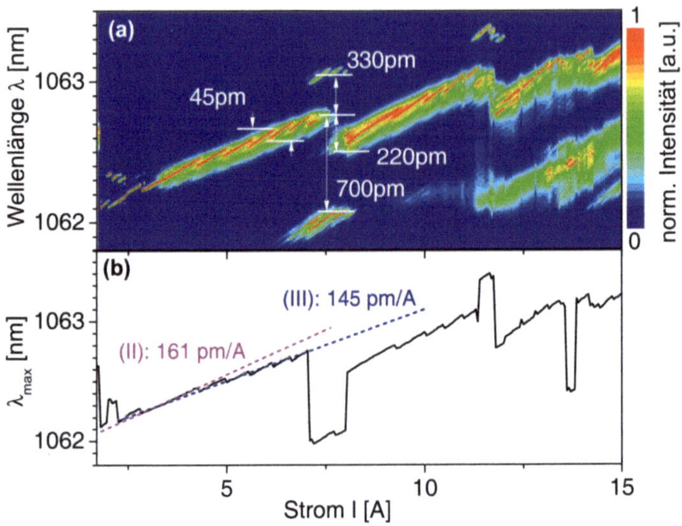

Abb. 4.6: Optische Spektren eines FATURL mit $D_2 = 85\,\mu$m im Dauerstrichbetrieb. (a) Farblich kodierte Darstellung der Änderung der normierten spektralen Intensitätsverteilung mit dem Injektionsstrom. (b) Änderung der spektralen Position des Intensitätsmaximums mit dem Injektionsstrom.

Überrollen der Leistungskennlinie ist auf die thermische Verschiebung des Gewinnmaximums im Bezug zu der, von den Bragg-Reflektoren vorgegebenen Wellenlänge zurückzuführen. Aufgrund der unterschiedlich starken thermischen Verschiebung der Gitterreflexionsspektren und der spektralen Verteilung des optischen Gewinns sollte, wie bei allen DBR-Lasern, das Reflexionsmaximum an der Laserschwelle idealerweise auf der langwelligen Seite des Gewinnspektrums liegen.

Abb. 4.6 (a) zeigt farbcodiert die Änderung der spektralen Intensitätsverteilung mit dem Injektionsstrom im CW-Betrieb. Mit zunehmender Brechzahl sinkt die Umlauffrequenz im Resonator und der longitudinale Modenkamm im Spektrum verschiebt sich zu längeren Wellenlängen. Gleichzeitig verschieben sich auch die Reflexionsspektren der Gitter.

Für die Verluste der Resonatormoden ist das, sich aus Front- und Rück-Gitter ergebende Netto-Reflexionsspektrum entscheidend. Sind die dominante Mode und das Netto-Reflexionsmaximum spektral zu weit voneinander entfernt, so kommt es zu einem Modensprung zur Mode die näher beim Reflexionsmaximum liegt ($\Delta\lambda_{\text{long}} = 45\,\text{pm}$). Abb. 4.6 (b) zeigt, dass sich die Umlauffrequenz im Reonator (II) stärker mit dem Injektionsstrom ändert als das Netto-Reflexionsspektrum (III).

Der FATURL besteht aus zwei DBR. Aufgrund der longitudinal inhomogenen Ladungsträger- und Leistungsdichteverteilung im Resonator erwärmen sich Front- und Rückgitter verschieden stark. Wie aus den Gittersimulationen (Abb.4.4) ersichtlich, weisen die Reflexionsspektren der Gitter Nebenmaxima im Abstand von einigen hundert Picometern auf. Verschieben sich nun die Reflexionsspektren von Front- und Rück-Gitter gegeneinander, so kommt es zu sprunghaften Änderungen des Netto-Reflexionsmaximums, welche mit Sprüngen im optischen Spektrum verbunden sind.

In Abb. 4.6 (b) ist das Maximum der spektralen Intensitätsverteilung sowie die zu den Effekten (II) und (III) gehörenden Steigungen, für den linearen Bereich der Kennlinie kurz oberhalb der Schwelle eingetragen. Die Anstiege werden bei höheren Injektionsströmen steiler, da die ohmsche Erwärmung quadratisch mit dem Injektionsstrom ansteigt.

4.3 Laterale Modendiskriminierung

Wie in Kapitel 2.1 vorgestellt, kann die spektrale Kohärenzfunktion eines partiell kohärenten Lichtfeldes in einen Satz kohärenter Basisfunktionen entwickelt werden. Die den Basisfunktionen zugrunde liegenden Lichtfelder können dann jeweils einer transversalen Mode des Resonators zugeordnet werden. Über die Transformation (2.13) ergibt sich eine äquivalente Entwicklung der Wigner Verteilungsfunktion sowie deren unzentrierter Momente (2.18). Unter der Vorraussetzung, dass alle Moden auf die optische Achse zentriert sind, lässt sich also auch die Beugungsmaßzahl M^2 (2.35) in die Beugungsmaßzahlen der kohärenten Moden entwickeln

$$M^2 = \sum_n c_n M_n^2, \tag{4.4}$$

wobei c_n der Anteil der Mode an der Gesamtleistung ist. Der gemessene Strahlparameter hängt also von der Verteilung der Leistung in die einzelnen Moden ab. Siegman zeigte für stabile Resonatoren, dass die Leistung in den Moden nicht gleichverteilt ist, sondern vielmehr die Moden höherer Ordnung und hoher modaler Beugungsmaßzahl M_n^2 einen Großteil der Leistung enthalten [73]. Für eine niedrige Beugungsmaßzahl

M^2 muss also diese Leistungsverteilung in Moden höherer Ordnung verringert werden. Im folgenden Kapitel wird gezeigt, dass die lateralen Moden höherer Ordnung des FATURL ebenfalls deutlich höhere Beugungsmaßzahlen als die Grundmode aufweisen. Es werden durch Simulationen Resonatorgeometrien mit besonders hohen Verlusten für diese höheren Moden bestimmt und anschließend die Wirksamkeit der Verlustdiskriminierung durch die Strahlcharakterisierung realer Laserdioden überprüft.

4.3.1 Passives Resonatormodell

Zuerst werden die Moden von passiven FARTURL-Resonatoren ohne Gewinnmedium bestimmt. Als vereinfachtes Modell des FATURL wird, wie in Abb. 4.7 dargestellt, ein offener Resonator mit zwei räumlich begrenzten Spiegeln verwendet. Mit der in Abschnitt 1.3 allgemein für offene Resonatoren eingeführten Propagatormethode werden über den Umlaufoperator

$$K = P \cdot R_2 \cdot P \cdot R_1 \tag{4.5}$$

die Feldverteilungen der Resonatormoden $E_n(x)$ an der Frontfacette sowie die modalen Propagationsfaktoren γ_n numerisch bestimmt. Dabei sind

$$R_{1,2} = \begin{cases} r_{\text{DBR1,DBR2}} & x \in D_1, D_2 \\ r_0 & x \notin D_1, D_2 \end{cases} \tag{4.6}$$

die Reflexionsoperatoren des Front- und Rück-DBR. $|r^2_{DBR1}| = 0.52$ und $|r^2_{DBR2}| = 0.83$ sind die aus den Gittersimulationen ermittelten Intensitätsreflektivitäten der

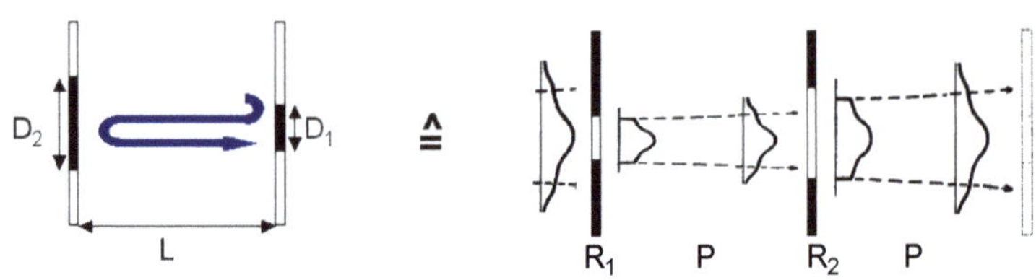

Abb. 4.7: Schematische Darstellung eines Resonatorumlaufs im FATURL im passiven Modell sowie Darstellung im Bild eines äquivalenten Linsensystems.

DBR, $|r_0|^2 = 10^{-4}$ ist die verbleibende Reflektivität der beschichteten Facetten. Einzelheiten zum Quellcode und den Parametern der numerischen Simulation befinden sich im Anhang B.3.

Die Sortierung und Indizierung der Resonatormoden wird auf zwei Arten vorgenommen:

- bzgl. der absoluten modalen Propagationsfaktoren $|\gamma_n|$, durchnumeriert in absteigender Reihenfolge. $n = 1$ bezeichnet die Mode mit dem größten Propagationsfaktor, d.h. den kleinsten Verlusten $L = 1 - |\gamma_n|^2$.

- mit griechischen Buchstaben, folgend den Trajektorien der Propagationsfaktoren in der komplexen Ebene.

Die bevorzugte Resonatorkonfiguration soll ein hohes $|\gamma_1|$ für einen niedrigen Schwellengewinn der Grundmode, jedoch gleichzeitig niedrige $|\gamma_{>1}|$ zur Unterdrückung höhere Moden, aufweisen. Daher wurde der Parameter $|\gamma_1| / |\gamma_2|$, nachfolgend als modale Diskriminierung bezeichnet, zur Optimierung der Resonatorgeometrien gewählt. Er sollte bei möglichst hohem $|\gamma_1|$ so groß wie möglich sein.

Abb. 4.8 (a) zeigt $|\gamma_1|$ und $|\gamma_2|$ als Funktion der Front-DBR-Breite D_1 für drei ausgewählte Rück-DBR-Breiten $D_2 > D_1$. Mit zunehmender Front-DBR-Breite D_1 werden die absoluten Propagationsfaktoren größer, d.h. die modalen Verluste nehmen ab. Weiterhin nähern sich die Verluste der beiden betrachteten Moden mit den geringsten Verlusten zunehmend an. Die Modendiskriminierung, dargestellt in Abb. 4.8 (b), weist ein Maximum für D_1 zwischen $5\,\mu$m und $30\,\mu$m auf und nimmt bei größeren D_1 wieder ab. Mit Hinblick auf möglichst geringe Verluste der Grundmode ist eine Front-DBR-Breite von $D_1 = 20\,\mu$m ein guter Kompromiss und wird nachfolgend nicht verändert.

Die Änderung der modalen Verluste mit der Rück-DBR-Breite D_2, dargestellt in Abb. 4.8 (c), sind deutlich komplexer. Die Propagationsfaktoren der vier dargestellten Moden schwanken mit zunehmendem D_2 periodisch, wobei die lokalen Maxima bei verschiedenen Rück-DBR-Breiten liegen. Das Ergebnis ähnelt der, in Kapitel 1.3 dargestellten Modellrechnung für symmetrische, instabile Resonatoren mit gekrümmten Spiegeln ($M > 1$). Zum Vergleich wurde die äquivalente Fresnelzahl N_{eq} des FATURL-Modells nach (1.49) aus der Phasenfrontkrümmung R, der fundamentalen Mode $n = 1$ vor dem Rück-DBR bestimmt und ebenfalls in die Abb. 4.8 (c,d)

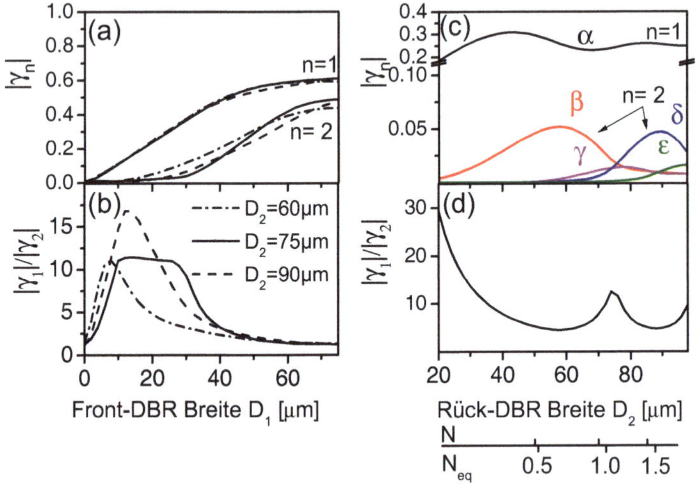

Abb. 4.8: Passives Resonatormodel. Absolute Propagationsfaktoren $|\gamma_{1,2}|$ und Modendiskriminierung $|\gamma_1| / |\gamma_2|$ der Moden mit den niedrigsten Verlusten ($n = 1, 2$)), (a,b) in Abhängigkeit der Front-DBR-Breite D_1 für verschiedene Rück-DBR-Breite D_2 und (c,d) in Abhängigkeit der Rück-DBR-Breite D_2, Fresnelzahl N und äquivalenter Fresnelzahl N_{eq}, bei einer Front-DBR-Breite von $D_1 = 20\,\mu$m.

eingetragen. Der effektive Krümmungsradius R wurde dabei nach (2.24) über die zentrierten Intensitätsmomente zweiter Ordnung bestimmt [74, 75].

Wie von einem instabilen Resonator erwartet, ist die Periode der Schwankung von $|\gamma_1|$ etwa eine äquivalente Fresnelzahl. Der in Kapitel 1.3.2 beschriebene Erklärungsansatz von Anan'ev [29] und Siegman [25] über den Leistungstransfer in konvergierende Wellen scheint also auch in diesem Falle anwendbar. Zusätzlich zur äquivalenten Fresnelzahl N_{eq} wurde in Abb. 4.8 (c,d) auch die Fresnelzahl N (1.47) eingetragen. Interessanterweise sind N und N_{eq} nahezu gleich. D.h. im Unterschied zu instabilen Resonatoren mit sphärischen Linsen oder Spiegel ist beim FATURL-Resonator der Krümmungsradius der Phasenfront an der Apertur in etwa die Resonatorlänge $R \approx L$.

Die absoluten Propagationsfaktoren, der in Abb. 4.8 (c) dargestellten fünf Moden, kreuzen sich an verschiedenen Punkten, wobei jedoch nur die absoluten Propagationsfaktoren, d.h. die Verluste, entartet sind, nicht jedoch die Phase (Frequenz) der Moden. Dies führt z.B. zum Wechsel der Bezeichnung der Moden mit den zweithöchsten Propagationsfaktor $n = 2$ von der Mode β zur Mode δ bei $D_2 = 75\,\mu$m.

Abb.4.8 (d) zeigt die zugehörige modale Diskriminierung der beiden Moden mit den geringsten Verlusten $|\gamma_1| / |\gamma_2|$. Sie weist ein absolutes Maximum bei $D_1 = D_2 = 20\,\mu$m und ein lokales Maximum bei $D_2 \approx 75\,\mu$m auf, wo die absoluten Propagationsfaktoren der Moden β und δ identisch sind. Da das aktive Volumen mit der Rück-DBR-Breite D_2 zunimmt, markiert dieses lokale Maximum die bevorzugte Resonatorgeometrie für hohe Ausgangsleistungen.

Abb. 4.9 zeigt die Intensitäts- sowie Phasenverteilungen der vier Moden mit den geringsten Verlusten vor dem Front-DBR-Durchgang. Die Fundamentalmode ($\alpha, n = 1$) sowie die Mode γ haben symmetrische und die Moden β und δ anti-symmetrische Phasenverteilungen. Bei der Bestimmung der modalen Beugungsmaßzahlen M^2 ist zu beachten, dass aufgrund der divergenten Ausbreitung im Resonator das optische Feld an der Facette eine nicht zu vernachlässigende späherische Phasenkrümmung aufweist.

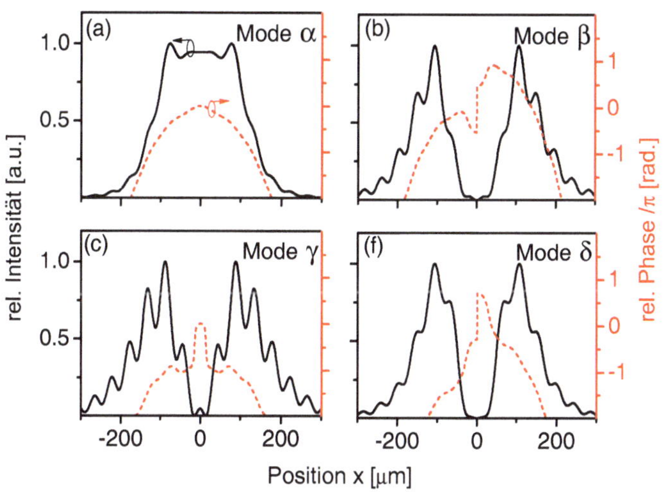

Abb. 4.9: Passives Resonatormodel, $D_1 = 20\,\mu$m, $D_2 = 75\,\mu$m. Intensitäts- und Phasenvertielung der vier Moden mit den geringsten Verlusten vor dem Front-DBR Durchgang.

Zur Bestimmung der modalen Beugungsmaßzahl wird nach (2.24) der effektive Krümmungsradius bestimmt und der sphärische Phasenanteil $\pi x^2/R\lambda$ subtrahiert. Somit wird das Nahfeld zur Strahltaille eines äquivalenten Strahls transformiert. Aus der Breite der Strahltaille, sowie der Breite der dazugehörigen Fernfeldverteilung werden die modalen Beugungsmaßzahlen M^2 nach (2.35) bestimmt. Für alle untersuchten Resonatorkonfigurationen hat die Mode $n = 1$ dabei stets die geringste Beugungsmaßzahl von $M_{n=1}^2 \approx 1.5$. Die Beugungsmaßzahl der Mode $n = 2$ schwankt zwischen $M_{n=2}^2 \approx 6.1$ bei $D_2 = 60\,\mu\text{m}$, $M_{n=2}^2 \approx 6.7$ bei $D_2 = 75\,\mu\text{m}$ und $M_{n=2}^2 \approx 5.6$ bei $D_2 = 90\,\mu\text{m}$. Bei inkohärenter Superposition der lateralen Moden [45] ist also zu erwarten, dass die erhöhte laterale Modendiskriminierung für FATURL Resonatoren, die eine Fresnelzahl von $N_{eq} \approx 1$ aufweisen, mit einer reduzierten Beugungsmaßzahl M^2 einhergeht.

4.3.2 Aktives Resonatormodell

Im Folgenden wird der Einflusses der Kopplung von optischem Feld und optischem Gewinnmedium auf die laterale Modendiskriminierung bzw. Strahlqualität der FATURL untersucht.

Dieses leistet das numerische Werkzeug WIAS-LASER, welches am Weistrass Institut in Berlin von Mark Lichtner entwickelt wurde. Das Programm berechnet die Kopplung des optischen Feldes an die Ladungsträgerdichte und Polarisation unter Berücksichtigung quasi-monochromatische Felder und nichtlinearer Wechselwirkungen mit den Näherungen der zeitabhängigen paraxialen Wellengleichung. Es umfasst jedoch kein thermisches Modell. Einzelheiten sowie die verwendeten Parameter und Randbedingungen befinden sich im Anhang B.2.

Abb. 4.10(a) und (b) zeigen die berechneten Intensitätsverteilungen des vorwärts und rückwärts im Resonator laufenden Feldes für ein ein FATURL, der in Tabelle 4.1 aufgeführten Geometrie mit $D_2 = 85\,\mu\text{m}$, beim Betrieb kurz über der Laserschwelle mit $P = 1.4\,\text{W}$ Ausgangsleistung. Abb. 4.10(c) zeigt die zugehörige Ladungsträgerdichte-Verteilung.

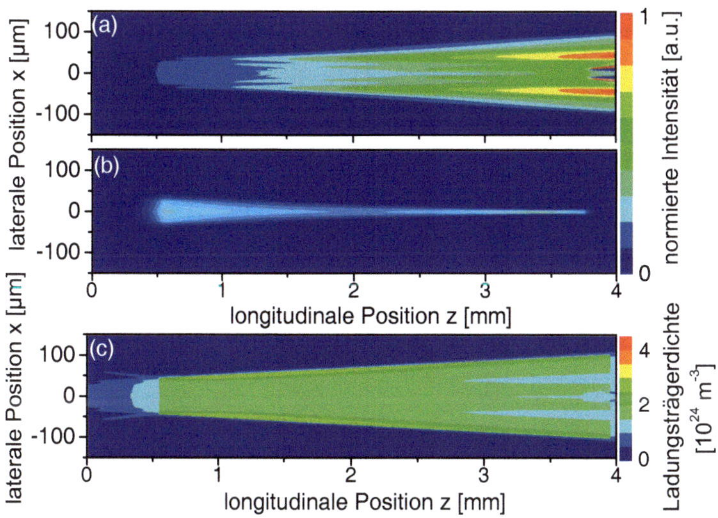

Abb. 4.10: Simulation des aktiven FATURL mit Rück-DBR Breite $D_2 = 85\,\mu$m bei einem Injektionsstrom von $I = 2.9$ A und einer optischen Ausgangsleistung von $P = 1$ W. (a) Intensität des vorwärts, und (b) des rückwärts propagierenden optischen Feldes sowie (c) Verteilung der Ladungsträgerdichte.

Die berechnete Intensitätsverteilung des vorwärts zur Auskoppelfacette hin propagierenden Feldes lässt auf typische Merkmale der Abstrahlcharakteristik eines FATURL schließen:

- das Licht wird hauptsächlich in zwei Strahlkeulen abgestrahlt,
- Beugung an den Kanten des Front-DBR verursacht eine Intensitätsmodulation im Zentrum der Nahfeldverteilung.

Die zugehörigen Intensitätsverteilungen im Nah- und Fernfeld sind in Abb. 4.11(c) und (d) dargestellt.

Wie im vorhergehenden Abschnitt beschrieben wird auch beim aktiven Resonatormodell zur Bestimmung der Beugungsmaßzahl der sphärische Anteil der Phasenfrontkrümmung subtrahiert. Abb. 4.11 (a) zeigt die Beugungsmaßzahl M^2 als Funktion der Rück-DBR Breite D_2. Von $D_2 = 60\,\mu$m bis $D_2 = 85\,\mu$m nimmt diese

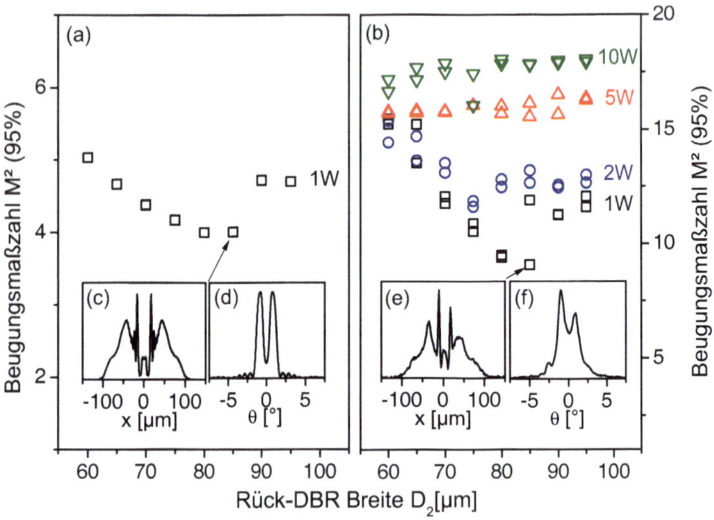

Abb. 4.11: Änderung des Strahlparameters M^2 bei Variantion der Rück-DBR Breite D_2. (a) Simulation des aktiven Resonators. (b) Experimentelle Kaustikmessung im Pulsbetrieb (300 ns,1 kHz). (c),(e) zugehörige Nah- und (d),(f) Fernfeldverteilungen. Die unterschiedliche Skalierung der Abbildungen ist zu beachten.

von $M^2 = 5.0$ auf $M^2 = 4.0$ kontinuierlich ab. Bei weiterer Verbreiterung des Rück-DBR auf $D_2 = 90\,\mu$m erfolgt jedoch ein sprunghafter Anstieg auf $M^2 = 4.7$. Der geometrische Parameterbereich mit niedrigen Beugungsmaßzahlen um $D_2 = 80\,\mu$m entspricht in etwa dem Bereich erhöhter Diskriminierung der modalen Verluste des passiven Resonatormodells um $D_2 = 75\,\mu$m bzw. $N_{eq} \approx 1$.

4.3.3 Experimentelle Ergebnisse

Die experimentellen Untersuchungen der Abstrahlcharakteristik von FATURL wurden wie auch die experimentellen Kennlinienmessungen zuerst im Pulsbetrieb mit einer Injektionsstorm-Pulsbreite von 300 ns und einer Frequenz von 1 kHz durchgeführt. Somit können thermische Effekte weitestgehend vernachlässigt werden, was die experimentellen Ergebnisse vergleichbar mit den Simulationsergebnissen macht. Die Beugungsmaßzahl wurde wie in Abschnitt 2.4 erläutert aus der Änderung der Strahldurchmesser beim Durchgang des Laserstrahls durch die Fokalebene einer Linse bestimmt. Zusätzlich wurden Intensitätsverteilungen des Nah- und Fernfeldes aufgenommen.

Für verschiedene Ausgangsleistungen ist in Abb. 4.11 (b) die Beugungsmaßzahl als Funktion der Rück-DBR-Breite D_2 dargestellt. Für Ausgangsleistungen von $P = 1\,\text{W}$ zeigt sich in qualitativ guter Übereinstimmung mit den Ergebnissen des aktiven Resonatormodells ein Minimum der Beugungsmaßzahl um $D_2 = 80\,\mu\text{m}$. Auch die experimentell bestimmten Nah- und Fermfeldverteilungen (Abb. 4.11(e,f)) sind den simulierten (Abb. 4.11(c,d)) sehr ähnlich. Die aus der Simulation erwartete Abstrahlung in zwei Fernfeldkeulen und die durch Beugung am Front-DBR verursachte Modulation der Nahfeldverteilung zeigt sich auch im Experiment.

Es gibt jedoch auch deutliche Unterschiede zwischen Simulation und Experiment. So weist die experimentelle Fernfeldverteilung im Vergleich zur Simulation mehr Leistung bei größeren Abstrahlwinkeln auf. Daraus resultiert, mit dem Kriterium des Einschlusses von 95% der Gesamtleistung, eine Fernfeldbreite von $8.6\,°$. Die simulierte Fernfeldbreite beträgt bei gleichem Leistungseinschluss nur $4.2\,°$. In gleichem Maße ist auch die experimentell gemessene Beugungsmaßzahl im Vergleich zur simulierten mit $M^2 = 9.1$ nahezu doppelt so groß.

Bei höheren Ausgangsleistungen $P > 2\,\text{W}$ ist aus den experimentellen Messungen (Abb. 4.11(b)) keine Abhängigkeit der Beugungsmaßzahl von der Resonatorgeometrie mehr erkennbar. Schon bei relativ geringen Leistungen scheint der, von der Rück-DBR-Breite bestimmte, Einfluss der Resonatorgeometrie auf die Abstrahlcharakteristik von anderen Effekten überlagert zu werden. Diese Effekte werden im nächsten Abschnitt untersucht.

4.4 Filamentierung

Die optische Intensitätsverteilung im FATURL ist nicht homogen. Die Simulationen der Intensitätsverteilung des aktiven Resonators (Abb. 4.10 (a)) zeigen in guter Übereinstimmung mit den experimentellen Ergebnissen (4.11 (e,f)), dass sich das Licht bei niedrigen Leistungen ($P = 1\,\text{W}$) vom Rück-DBR zur Frontfacette und danach außerhalb des Lasers hauptsächlich in zwei Strahlkeulen ausbreitet.

Wie in Abschnitt 1.4.3 erläutert, führt diese inhomogene Intensitätsverteilung mit steigendem Injektionsstrom und optischer Intensität zur lokalen Reduktion der Ladungsträgerdichte. Dieses ist mit einer Erhöhung der Brechzahl und der zuneh-

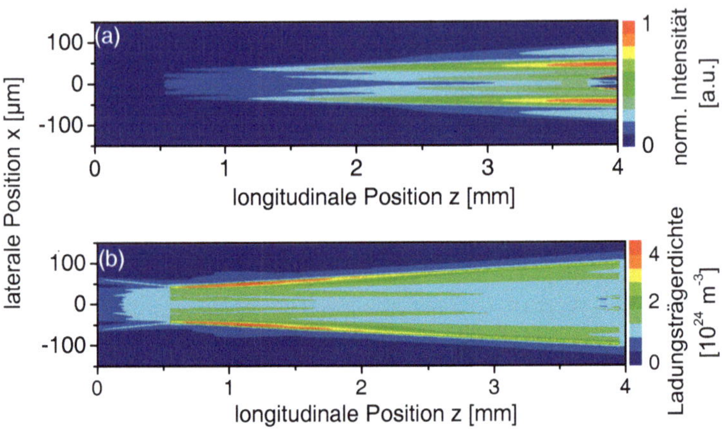

Abb. 4.12: Simulation des aktiven FATURL mit Rück-DBR Breite $D_2 = 85\,\mu$m bei einem Injektionsstrom von $I = 8.5$ A und einer optischen Ausgangsleistung von $P = 6.5$ W. (a) Intensität des vorwärts propagierenden optischen Feldes sowie (b) Verteilung der Ladungsträgerdichte.

menden Einschnürung des Lichts (Filamentierung) verbunden. Abb.4.12 (a) zeigt die simulierte Intensitätsverteilung des vom Rück-DBR zur Frontfacette propagierenden Lichts, Abb.4.12 (b) die zugehörige Ladungsträgerdichteverteilung bei $P = 5$ W. Im Vergleich zu den Ergebnissen bei $P = 1$ W (Abb. 4.10) sind die Strahlkeulen deutlich eingeschnürt. Die Keulen folgen nicht mehr divergent der trapezförmigen Kontaktstruktur, sondern verlaufen nahezu parallel zur optischen Achse. Der Unterschied der Ladungsträgerdichte im Bereich der Strahlkeule zu den Randbereichen beträgt maximal $\Delta N = -0.4 \cdot 10^{24}\,\mathrm{m}^{-3}$. Nach der in der Simulation modellierten Abhängigkeit von Brechzahl und Ladungsträgerdichte (B.9) ergibt sich somit ein maximaler Indexunterschied von $\Delta n_N = 2 \cdot 10^{-4}$. Neben der Einschnürung des Lichts im Bereich der beiden Hauptkeulen bilden sich in den Bereichen höheren optischen Gewinns an den Flanken zwei weitere Intensitätsmaxima aus.

In Abb. 4.13 ist die Leistungsabhängigkeit der Beugungsmaßzahl M^2 aus Simulationen des aktiven Resonators und experimentellen Messungen dargestellt. Zusätzlich sind bei ausgewählten Leistungen die zugehörigen Nah- und Fernfeldverteilungen abgebildet. Qualitativ zeigen Experiment und Simulation die gleichen Effekte.

So steigt die Intensität der durch räumliches Lochbrennen in der Ladungsträgerdichte hervorgerufenen Nebenkeulen in der Nahfeldverteilung mit der Ausgangsleistung. Dieses ist mit dem Anstieg der Intensität zweier Intensitätsmaxima an den Rändern der Fernfeldverteilung und einer Zunahme der Beugungsmaßzahl M^2 mit der Ausgangsleistung P verbunden. Quantitativ unterscheiden sich die experimentellen und die simulierten Ergebnisse. Im Experiment sind die entstehenden Intensitätsmaxima in den Nahfeldverteilungen deutlich ausgeprägter und die experimentell bestimmten Beugungsmaßzahlen sind abermals nahezu doppelt so groß wie aus der Simulation erwartet.

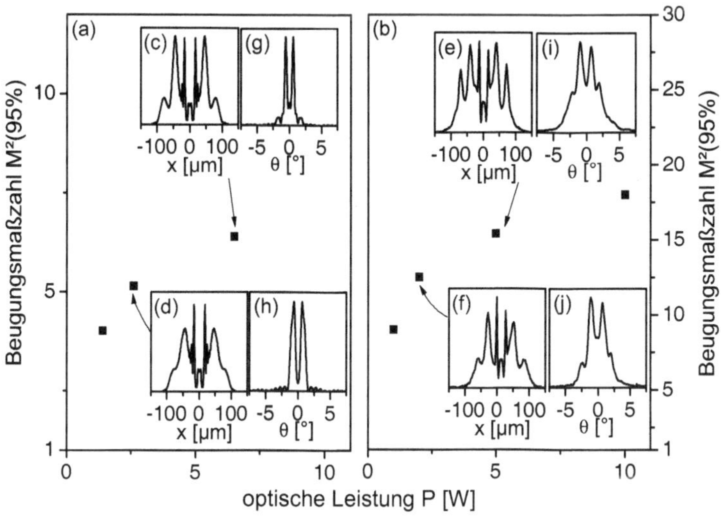

Abb. 4.13: Leistungsabhängige Veränderung des Strahlparameters M^2 eines FATURL ($D_2 = 85\,\mu m$), (a) aus Simulation des aktiven Resonators und (b) aus experimentellen Kaustikmessungen im Pulsbetrieb ($\tau = 300\,ns, f = 1\,kHz$). Weiterhin sind ausgewählte Nah(c-f)- und Fernfeldverteilungen (g-j) dargestellt. Die Beugungsmaßzahl bezieht sich auf den Einschluss von 95% der Gesamtleistung

4.5 Thermische Effekte

Neben der Verteilung der Ladungsträgerdichte hat auch das Temperaturprofil im Volumen der optischen Mode einen starken Einfluss auf die Abstrahlcharakteristik von Diodenlasern. Der Einflusses der Erwärmung auf die Strahleigenschaften wurde zuerst experimentell an FATURL, die mit der Substratseite nach unten auf CuW Wärmespreizer aufgebaut sind, untersucht. Diese Aufbauart wurde anfangs gewählt, da der Einfluss der Lötung auf die Oberflächengitter nicht bekannt war. Zur Untersuchung des thermischen Einflusses auf die Abstrahlcharakteristik wurden in verschiedenen Zeitabständen τ vom Beginn des Injektionsstrompulses mit kurzer zeitlicher Integration ($< 0.1\tau$) die Nah- und Fernfeldverteilungen gemessen.

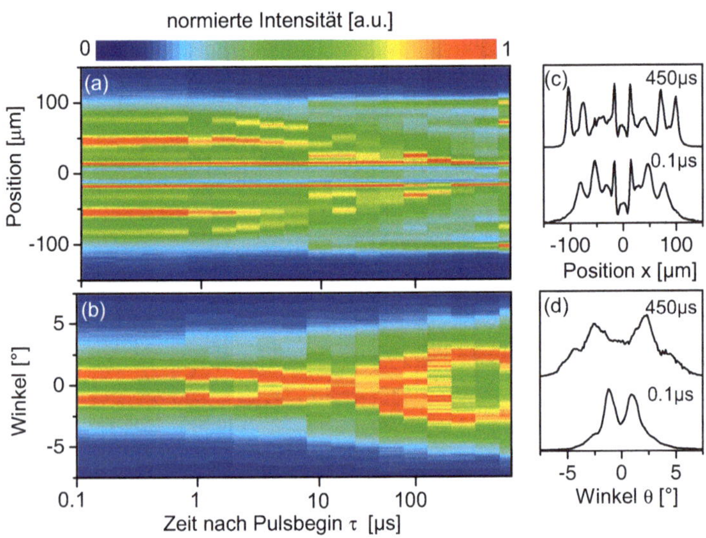

Abb. 4.14: Experimentell in verschiedenen zeitlichen Abständen nach Pulsbeginn ermittelte (a) Nah- und (b) Fernfeldverteilungen eines FATURL mit $D_2 = 90\,\mu$m mit der Substratseite nach unten aufgebaut auf CuW Wärmespreizer bei einer Pulsspitzenleistung von $P = 5$ W. Weiterhin sind (c) Nah- und (d) Fernfeldprofile bei $\tau = 0.1\,\mu$s und $\tau = 450\,\mu$s abgebildet.

Mit zunehmender Zeit nach Pulsbeginn steigt die Temperatur im Modenvolumen nicht linear an. Die in [2] gezeigten thermischen Simulationen und experimentellen Ergebnisse legen nahe, dass drei Zeitbereiche unterschieden werden können

(i) $\tau < 1\,\mu s$: Die Wärme hat die Grenzen des Chips noch nicht erreicht, der Temperaturanstieg im Modenvolumen wird ausschließlich von den thermischen Eigenschaften des Chips, nicht aber von der Art der Montage des Chips bestimmt.

(ii) $1\,\mu s < \tau < 100\,ms$: Die Wärme hat die Grenzen des Chips erreicht und die Temperatur im Chip steigt, abhängig vom thermischen Widerstand zur Wärmesenke, stark an.

(iii) $\tau > 100\,ms$: Ein thermischer Gleichgewichtszustand wird erreicht, die Temperatur im Modenvolumen entspricht nahezu der Temperatur im Dauerstrichbetrieb.

Die in Abb. 4.14 dargestellten, zeitaufgelösten Nah- und Fernfeldverteilungen umfassen die Bereiche (i) und (ii) teilweise. In Zeitabschnitt (i) ändern sich die Feldverteilungen nur unwesentlich. In Zeitabschnitt (ii) verlagern sich mit zunehmender Zeit/Erwärmung die Intensitätsmaxima im Nahfeld zur Resonatormitte, was auf einen thermisch induzierten Brechzahlgradienten zur Resonatormitte hindeutet. In den nun schlecht ausgeleuchteten Randbereichen des Resonators steigen Ladungsträgerdichte und optischer Gewinn, was wiederum die Ausbildung von Strahlfilamenten auslöst. Abb.4.14 (c) zeigt die Nahfeldverteilungen im Zeitbereich (i) und (ii). Die Intensitätsmodulation und die Flankensteilheit der von starkem thermischem Einfluss geprägten Verteilung ($\tau = 450\,\mu s$) ist dabei deutlich größer. Die größere Intensitäts- und Phasenmodulation im Nahfeld führt zur Abstrahlung in größere Fernfeldwinkel.

Durch die Montage der FATURL mit der Substratseiten nach oben lässt sich der thermische Widerstand R_{th} deutlich reduzieren. Da die Kontaktbreite w und die Substratdicke $h \approx 100\,\mu m$ etwa in der gleichen Größenordnung liegen, ist eine Abschätzung der montagebedingten Änderung des thermischen Widerstands nach (1.58) nicht möglich. Die thermischen Simulationen zur Veröffentlichung [76][2] ergaben jedoch einen um den Faktor drei kleineren thermischen Widerstand durch die

[2]Die Simulationen wurden von F. Schnieder am FBH durchgeführt.

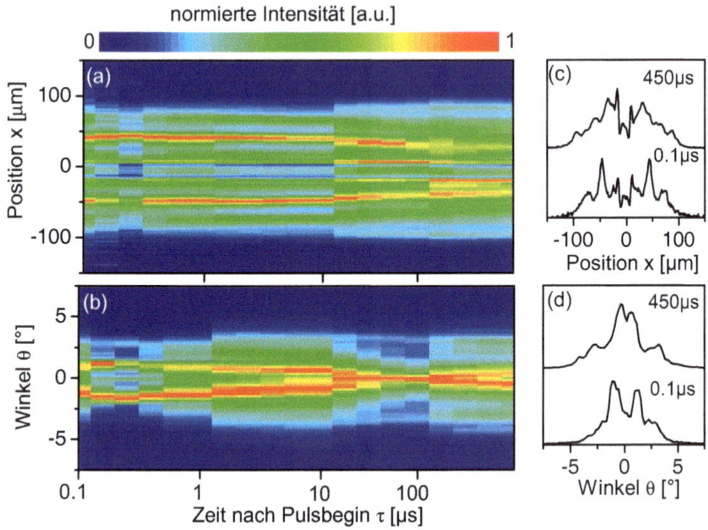

Abb. 4.15: Experimentell in verschiedenen zeitlichen Abständen nach Pulsbeginn ermittelte (a) Nah- und (b) Fernfeldverteilungen eines FATURL mit $D_2 = 90\,\mu m$ mit der Substratseite nach oben aufgebaut auf CuW Wärmespreizer bei einer Pulsspitzenleistung von $P = 5\,W$. Weiterhin sind (c) Nah- und (d) Fernfeldprofile bei $\tau = 0.1\,\mu s$ und $\tau = 450\,\mu s$ abgebildet.

Montage mit der Substratseite nach oben. Abb. 4.15 zeigt die zeitaufgelösten Feldprofile eines mit der Substratseite nach oben aufgebauten FATURL. Die Feldprofile bei kurzen Pulsdauern (Abb. 4.15 (c),(d)) sind denen der FATURL mit Montage der Substratseite nach unten sehr ähnlich. Auch die optischen Spektren im Dauerstrichbetrieb (4.6) zeigen, dass die Oberflächengitter durch die Lötung auf den Wärmespreizer nicht wesentlich beeinflusst werden. Aufgrund des kleineren thermischen Widerstands ist die thermische Brechzahländerung und somit die Änderung der Feldprofile mit der Pulsdauer jedoch deutlich reduziert.

Abschließend wird der Einfluss der ladungsträger- und thermisch bedingten, fokussierenden Effekte auf die Abstrahlcharakteristik bei steigender Ausgangsleistung verglichen. Dazu zeigt Abb. 4.16 die leistungsabhängige Änderung der Beugungsmaßzahl sowie Feldprofile bei ausgewählten Leistungen für einen FATURL beim Betrieb mit kurzen Pulslängen ($\tau = 300\,ns$), wo Ladungsträgereffekte dominieren,

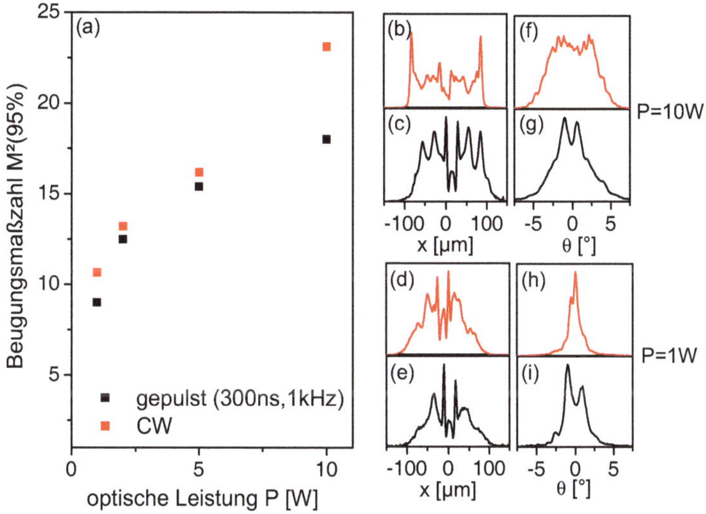

Abb. 4.16: (a) Leistungsabhängige Änderung der Beugungsmaßzahl sowie (b-e) Nah- und (f-i) Fernfeldprofile bei ausgewählten Leistungen für einen FATURL mit $D_2 = 85\,\mu$m beim Betrieb mit kurzen Pulslängen (Aufbau mit der Substratseite nach unten) und im Dauerstrichbetrieb (Aufbau mit der Substratseite nach oben).

und im Dauerstrichbetrieb, wo Ladungsträger- und thermische Effekte auftreten. Im letzteren Fall wurde der Laser mit der Substratseite nach oben aufgebaut.

In beiden Betriebsarten zeigt sich ein hyperbelförmiger Anstieg der Beugungsmaßzahl mit der Leistung. Dabei ist die 40-prozentige Zunahme der Beugungsmaßzahl von der Laserschwelle bis zu Leistungen von $P = 5\,$W wesentlich größer als der Unterschied von Dauerstich- und gepulstem Betrieb von etwa 5% in diesem Leistungsbereich. Die Feldprofile bei niedrigen Leistungen (Abb. 4.16(d,e,h,i)) sind in beiden Betriebsarten ebenfalls sehr ähnlich.

Bei grösseren Leistungen von $P = 10\,$W, wo die Leistungskennlinie (Abb.4.5) im Dauerstrichbetrieb schon deutliches thermischen Überrollen zeigt, unterscheiden sich die die Feldprofile in beiden Betriebsarten. Im gepulsten Betrieb treten die, im letzten Abschnitt (Abb. 4.13) auf ladungsträgerbedingte Selbstfokussierung zurückgeführten, Nebenkeulen im Nahfeld auf. Im Dauerstrichbetrieb bilden sich die spitzen Flanken im Nahfeld, welche nach den zeitaufgelösten Feldprofilmessungen

(Abb. 4.14) auf thermische Fokussierung zurückzuführen sind. Als Folge nimmt der Unterschied in der Beugungsmaßzahl zwischen beiden Betriebsarten stark zu.

Im linearen Bereich der Leistungs-Strom Kennlinie sind also hauptsächlich Ladungsträgereffekte für die leistungsabhängige Zunahme der Beugungsmaßzahl verantwortlich. In den Bereichen abnehmenden Anstiegs in den Leistungskennlinien, die mit einer starken Erwärmung des aktiven Bereichs einhergehen, dominiert die Linsenwirkung der thermischen Brechzahländerung zunehmend die Abstrahlcharakteristik der FATURL.

4.6 Optimierung der Kontaktgeometrie

Wie vorhergehend gezeigt ist die Fokussierung des Lichts und die damit verbundene Erhöhung des optischen Gewinns in den lateralen Randbereichen des Resonators ursächlich für die Degradation der Beugungsmaßzahl mit steigender Ausgangsleistung.

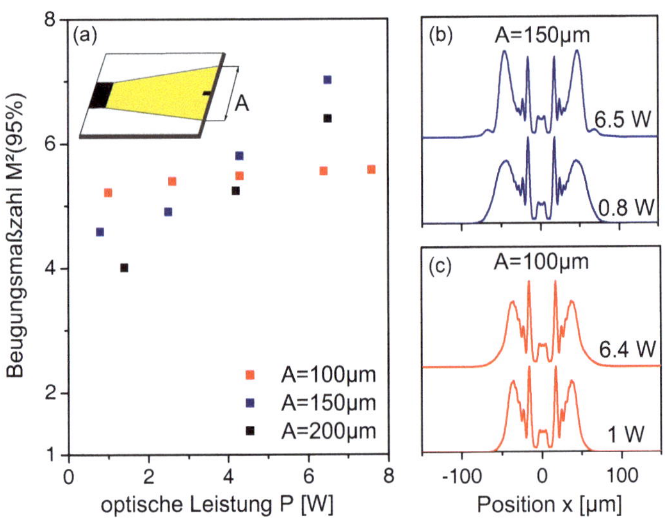

Abb. 4.17: Simulation des aktiven FATURL mit konstanten DBR-Breiten (D_1 = 20 μm, D_2 = 85 μm) und verschiedenen Öffnungswinkeln des trapezförmigen Kontaktes. (a) Leistungsabhängige Änderung der Beugungsmaßzahl M^2 für Front-Apertur Breiten $A = 100, 150$ und 200 μm. (b) zugehörige Nahfeldverteilungen für $A = 150\,\mu$m und (c) $A = 100\,\mu$m.

Ein naheliegender Ansatz dieses zu verhindern, ist die Reduktion des Öffnungswinkels der trapezförmigen Kontaktstruktur. Zur Untersuchung wurden Simulationen des aktiven FATURL mit festen DBR-Breiten ($D_1 = 20\,\mu$m, $D_2 = 85\,\mu$m) und mit von $A = 200\,\mu$m auf $A = 150$ und $100\,\mu$m reduzierten Front-Apertur-Breiten durchgeführt.

Abb. 4.17(a) zeigt die simulierte leistungsabhängige Änderung der Beugungsmaßzahl. Bei niedrigen Leistungen ($P < 4\,$W) weisen die Resonatorgeometrien mit größerer Apertur und größerem Trapezwinkel eine kleinere Beugungsmaßzahl auf. Das vom Rück-DBR zur Frontfacette hin divergent propagierende Licht wird mit zunehmendem Trapezwinkel weniger vom Übergang zum ungepumpten Bereich beeinflusst. Mit steigender Ausgangsleistung setzten bei den Resonatorgeometrien mit größerer Apertur ($A = 150$ und $200\,\mu$m) die bereits beschriebenen, fokussierenden Effekte ein, welche die Beugungsmaßzahl M^2 erhöhen. Bei nahezu rechteckiger Kontaktstruktur ($A = 100\,\mu$m) tritt hingegen keine Strahlfokussierung auf. Die Breite der Strahlkeulen nimmt durch optisches Pumpen der elektrisch ungepumpten Randbereiche im Resonator sogar geringfügig zu und die Beugungsmaßzahl bleibt nahezu konstant.

Die Simulationen zeigen also, dass der Übergang von trapezförmiger zu rechteckiger Kontaktgeometrie eine wirksame Maßnahme zur Unterdrückung der Degradation der Beugungsmaßzahl M^2 durch ladungsträgerbedingte Strahlfokussierung bei Leistungssteigerung sein kann.

Zusammenfassung

Die vorliegende Arbeit behandelt Resonatorkonzepte für Hochleistungsdiodenlaser mit ausgedehnten lateralen Dimensionen im Wellenlängenbereich um 1060 nm.

Nach einer Zusammenfassung der für die Simulation der Lichtausbreitung in Diodenlaser-Resonatoren und die Strahlcharakterisierung notwendigen Grundlagen wurden im ersten Teil etablierte Resonatorkonzepte untersucht. Im Rahmen der Arbeit wurden mit Streifenlasern von 4 mm Länge und 200 μm Breite Leistungen von über 25 W im Dauerstrichbetrieb und mit gewinngeführten Laser-Arrays gleicher elektrischer Kontaktfläche, aber 400 μm breiter Ausgangsapertur Leistungen von über 55 W im Quasi-CW Betrieb erreicht. Im Gegensatz zu vielen bisherigen Untersuchungen von Diodenlaser-Arrays, die sich hauptsächlich mit der kohärenten Kopplung der Emitter beschäftigen, richtet sich das Augenmerk in dieser Arbeit auf die zunehmende Entkopplung der Emitter beim Übergang zu hohen Ausgangsleistung und deren Auswirkung auf die laterale Abstrahlcharakteristik.

Es wurde gezeigt, dass bei gewinngeführten Laser-Arrays die Änderung der Kopplung der einzelnen Emitter bei steigender Ausgangsleistung und damit die Änderung in der Abstrahlcharakteristik hauptsächlich durch die thermische Brechzahländerung bestimmt ist.

Zur Untersuchung des Einflusses der Emitterkopplung auf die räumliche Kohärenz des emittierten Lichts wurde die Wigner-Verteilung des partiell kohärenten Lichtfeldes experimentell rekonstruiert. Dafür wurde das, u.a. von B. Eppich in den 90er Jahren [62] entwickelte, jedoch seitdem selten verwendete, experimentelle Verfahren der Phasenraum Tomographie angewandt. Zusätzlich wurden Simulationen, des sich im Array ergebenden lateralen Brechzahlprofils und der sich daraus ergebenden lateralen Moden nebst deren modalem Gewinn, durchgeführt. Die Simulationen reproduzieren gut die experimentell rekonstruierten lateralen Moden und untermauern so die experimentelle Methode. So wurde gezeigt, dass im Falle sehr schwacher

Kopplung, welche bei hohen Ausgangsleistungen auftritt, das vom Array abgestrahlte Licht die inkohärente Überlagerung der Abstrahlungen der einzelnen Emitter ist. Es wurde weiterhin gezeigt, dass die lateralen Obermoden der einzelnen Streifen die Abstrahlcharakteristik des Arrays im Hochleistungsbetrieb maßgeblich verschlechtern. Im idealen Fall, wenn alle Einzelemitter in ihrer fundamentalen Mode mit jeweils einer Beugungsmaßzahl von $M^2 = 1$ operieren, würde die Beugungsmaßzahl des Arrays, bei inkohärenter Überlagerung von 20 Emittern mit einem Tastverhältnis von 50%, mindestens $M^2 = 39$ betragen. Zum Vergleich weist der 200 μm breite Breitstreifenlaser mit gleicher elektrischer Kontaktfläche, jedoch entsprechend halber Aperturbreite, eine Beugungsmaßzahl zwischen 20 und 30 im linearen Bereich seiner Leistungskennlinie auf. Für ein Array, bei dem die einzelnen Emittern z.B. durch interne Gitterstrukturen unterschiedliche Emissionswellenlängen aufweisen, wäre es jedoch prinzipiell denkbar, die einzelnen Emitter mittels spektrale Strahlkombination über dispersive optische Elemente wieder zu überlagern und somit die Beugungsmaßzahl deutlich zu reduzieren.

Neben diesem etablierten Resonatorkonzept für Hochleistungsdiodenlaser wurde im Rahmen der Dissertation jedoch auch ein vollkommen neuer Ansatz zur Verringerung der Strahldegeneration bei lateraler Skalierung entwickelt und experimentell erprobt. Er basiert auf einer instabilen Resonatorkonfiguration, welche durch Bragg Reflektoren im Laserchip erzeugt wird. Der Resonator wird durch zwei planare Bragg-Reflektoren stark unterschiedlicher lateraler Ausdehnung sowie eine sich zur Auskoppelfacette hin öffnende, trapezförmige elektrische Kontaktgeometrie definiert. Im Gegensatz zur Idee von Bedford [69], der die Bezeichnung „Finite Aperture Tapered Unstable Resonator Laser“ (FATURL) erstmals für einen Trapezlaser mit frontseitigem Bragg-Reflektor verwendete, weist der hier präsentierte Ansatz keinen Rippenwellenleiter als lateralen Modenfilter auf. Das bietet den Vorteil eines wesentlich größeren Modenvolumens und somit der Möglichkeit höherer optischer Ausgangsleistungen. Ein charakteristisches Merkmal instabiler Resonatoren ist es, dass sich bei Variation der Breite einer Blende, welche die divergente Lichtausbreitung im Resonator limitiert, die Umlaufverluste der verschiednen Resonatormoden nicht gleichmäßig ändern. Als modendiskriminierende Blende wird beim neuartigen FATURL Konzept die Breite des rückwärtigen DBR gewählt. Simulationen des passiven Resonators zeigen die für instabile Resonatoren typische Modulation der modalen Verluste als Funktion der geometrieabhängigen äquivalenten Fresnelzahl

N_{eq} des Resonators. Für Resonatorkonfigurationen mit $N_{\text{eq}} \approx 1$ weist die Diskriminierung höherer Moden ein Maximum auf. Weiterführende Simulationen, welche die Kopplung des optischen Feldes an die Ladungsträgerdichte und Polarisation im Laserresonator berücksichtigen, zeigen ein deutliches Minimum der Beugungsmaßzahl M^2 für entsprechende Resonatorgeometrien. An aufgebauten FATURL konnte diese Abhängigkeit der Beugungsmaßzahl von der Resonatorgeometrie mit einem Minimum von $M^2 = 9.1$ bei kleinen Leistungen $P < 2\,\text{W}$ ebenfalls experimentell nachgewiesen werden. Die Beugungsmaßzahl bezieht sich dabei auf den Einschluss von 95% der Gesamtleistung.

Bei höheren Ausgangsleistungen bewirkt die stark inhomogene laterale Intensitätsverteilung im Resonator räumliches Lochbrennen in der Ladungsträgerverteilung und eine Selbstfokussierung des Lichts. Dieser Effekt führt geometrieunabhängig zu einer Degradation der Beugungsmaßzahl mit steigender Ausgangsleistung. Als Folge ist die Beugungsmaßzahl bei 10 W mit $M^2 = 18$ im gepulsten- bzw. $M^2 = 23$ im Dauerstrichbetrieb wesentlich größer als in gleichlangen, $100\,\mu\text{m}$ breiten Streifenlasern ($M^2 = 13$, siehe Abschnitt 3.1) oder DBR-Trapezlasern ($M^2 = 14$ [24]). Simulationen zeigen jedoch, dass der Übergang von trapezförmiger zu rechteckiger Kontaktgeometrie eine wirksame Maßnahme zur Unterdrückung der Degradation durch ladungsträgerbedingten Strahlfokussierung sein kann.

Anhang A

Epitaxiestruktur, Materialparameter und Montage der untersuchten Diodenlaser

In der vorliegenden Arbeit wurden Diodenlaser mit einer Emissionswellenlänge um 1060 nm untersucht. In die AlGaAs basierte epitaktische Wellenleiterstruktur sind InGaAs Quantengräben mit GaAsP Barrieren implementiert. Die aktive Zone ist asymmetrisch in den Wellenleiter eingebettet. Da die Löcher im Vergleich zu den Elektronen eine geringere Beweglichkeit aufweisen, wird um den Serienwiderstand zu minimieren, der p-seitige Wellenleiterkern kleiner gewählt. Die in der Arbeit untersuchten Diodenlaser weisen zwei verschiedene Epitaxiestrukturen auf, welche sich in der Anzahl der Quantengräben $\#QG$, der Dicke $d_{\text{WG-Kern}}$ und Asymmetrie des Wellenleiterkerns (d_n/d_p) sowie dem Aluminiumgehalt des p-seitigen Wellenleitermaterials unterscheiden. Die Unterschiede sind in Tabelle A.1 zusammengestellt.

Die Materialparameter der Epitaxiestrukturen wurden durch Messungen von Leistung-Strom-Kennlinien an unbeschichteten, unmontierten und einer vereinfachten Prozessierung unterzogenen 100 μm breiten Streifenlasern verschiedener Länge bestimmt.

Tab. A.1: Unterschiede in der Epitaxiestruktur der untersuchten Diodenlaser

Struktur	# QG	$d_{\text{WG-Kern}}$ (d_n/d_p) [μm]	Al-Gehalt: Kern, Mantel(n/p) [%]
A	2	2.4 (1.6/0.8)	25,(35/85)
B	3	4.8 (4.0/0.8)	25,(35/35)

Tab. A.2: Materialparameter der Untersuchten Epitaxiestrukturen

Struktur	vFF (FWHM) [°]	j_T [A/cm^2]	α_i [cm^{-1}]	Γg_0 [cm^{-1}]	T_0 [K]
A	25	130	0.71	20.3	178
B	13	202	1.37	25.2	133

Durch Messungen von Laserschwelle und Anstieg in Abhängigkeit von der Laserlänge werden interne Effizienz η_i, interne Verluste α_i, Transparenzstromdichte J_T sowie der Gewinnparameter Γg_0, welcher sich aus dem Überlapp der vertikalen Grundmode mit der aktiven Zone Γ und dem differentiellen Gewinn g_0 zusammensetzt, bestimmt. Die Messung der Laserschwelle in Abhängigkeit von der Temperatur liefert den Temperaturkoeffizienten T_0. Weiterhin werden goniometrische Fernfeldmessungen zur Bestimmung der vertikalen Strahldivergenz (vFF) durchgeführt. Die Ergebnisse für die untersuchten Strukturen sind in Tabelle A.2 zusammengefasst.

Nachdem die Breitstreifenlaser, Laser-Arrays und FATURL wie in den entsprechenden Kapiteln beschrieben prozessiert wurden, erhielten die Front- und Rückfacetten Beschichtungen zur Änderung der Reflektivität auf R_f bzw. R_r. Anschließend erfolgte der Aufbau auf Wärmespreizer aus CuW, welche dann auf Wärmesenken aus Cu vom Typ CCP bzw. c-mount aufgebaut wurden. Die Laser sind größtenteils mit der Substratseite nach oben, d.h. mit der p-dotierten Seite nach unten aufgelötet. Diese Aufbauvariante hat den Vorteil, dass der aktive Bereich näher an der Wärmesenke ist und somit besser entwärmt werden kann. Die FATURL besitzen p-seitige Oberflächengitter. Da anfangs die Auswirkung der Lötung auf die Gitter nicht bekannt war, wurden diese Laser erst mit der Substratseite nach unten aufgebaut und gepulst charakterisiert. In späteren Versuchen wurden jedoch keine negativen Auswirkungen des Lots auf die Gitter festgestellt. Daher erfolgte die Montage von Lasern für Messungen im Dauerstrichbetrieb dann mit der p-Seite nach unten. Details zur Beschichtung und Montage der Breitstreifenlaser und Arrays sind in Tabelle A.3 und zu den FATURL in Tabelle A.4 aufgeführt.

Tab. A.3: Montagedetails der untersuchten Breitstreifenlaser und Laser-Arrays

Struktur	Wafer	W [μm]	$\Delta_{n_{eff}}$	R_f/R_r	Aufbau	Art
A	C1571-3	5,10,20	0	0.01/0.95	c-mount , p-down	Streifen
		100,200	10^{-3}	0.01/0.95	CCP , p-down	Streifen
		400(20/10)	10^{-3}	0.01/0.95	CCP , p-down	Array

Tab. A.4: Montagedetails der untersuchten FATURL

Struktur	Wafer	D_2 [μm]	Apertur [μm]	R_f/R_r	Aufbau	Art
B	D1225-4	60, 65, 70, 75,	200	$10^{-4}/10^{-4}$	c-mount , p-up	FATURL
		85, 85, 90, 95				
		85	200	$10^{-4}/10^{-4}$	CCP, p-down	FATURL

Anhang B

Verwendete numerische Werkzeuge und Simulationsparameter

In diese Arbeit flossen ein Vielzahl von Simulationsuntersuchungen ein. Die thermischen Simulationen mit NASTRAN/PATRAN in Kapitel 3.2 wurden von Herr Schnieder, die zur ladungsträgerabhängigen Brechzahländerung im gleichen Kapitel von Dr. Hans Wenzel am Ferdinand-Braun-Institut durchgeführt. Die von mir persönlich verwendeten numerischen Werkzeuge sowie die entsprechenden Simulationsparameter werden nachfolgend kurz erläutert.

B.1 Bidirektionale Eigenmodenentwicklung: CAMFR

Die Methode der Eigenmoden-Entwicklung zur Simulation photonischer Strukturen bietet sich immer dann an, wenn die Brechzahl sich nicht kontinuierlich ändert, sondern sich in großflächige, homogene Bereiche aufteilen lässt. Die geführten und abstrahlenden Moden werden für jeden dieser Bereiche als Lösungen der reduzierten 1-dimensionalen Helmholzgleichung (1.11) bestimmt. Aus diesen Moden lässt sich ein beliebiges optisches Feld zusammensetzen. Über die modalen Entwicklungskoeffizienten erhält man so eine sehr kompakte Darstellung des optischen Feldes in den einzelnen Bereichen und über die Reflexions- und Transmissionsbeziehungen der Moden an den Übergängen der homogenen Bereiche lässt sich dann das Feld in der Gesamtstruktur zusammensetzten [77]. In dieser Arbeit wurde das frei erhältliche numerische Werkzeug CAvity Modeling FRamework (CAMFR) verwendet [78].

In der Eigenmodenentwicklung wurden, sortiert nach ihrem effektiven Index, die ersten 100 Moden berücksichtigt und als Randbedingung wird ein perfekter elektrischer Leiter (perfect electric conductor PEC) angenommen. Parasitäre Reflektionen von diesen Rändern werden durch so genannte perfectly matched layer (PML) verhindert. Das sind zusätzliche Schichten in denen Licht zwar absorbiert, an deren Rändern es jedoch nicht reflektiert wird.

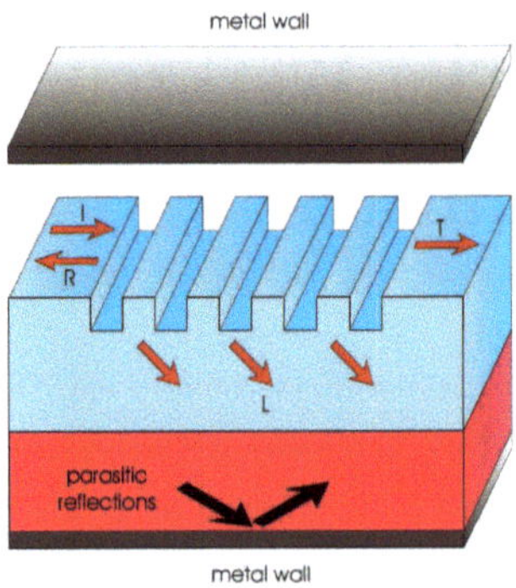

Abb. B.1: Schematische Darstellung der Simulation von DBR mit CAMFR aus der Dissertation von P. Bienstman [77]

B.1.1 Simulation von Oberflächengittern

Wie in Abb. 4.3 (b) dargestellt, wird der vertikale Wellenleiter in drei longitudinal homogene Schnitte aufgeteilt. Die Schnitte sind jeweils aus mehreren, in vertikaler Richtung homogenen, Schichten unterschiedlicher Brechzahl aufgebaut. Die entsprechenden Werte sind in Tabelle B.1 aufgelistet.

Laterale Effekte werden dabei nicht berücksichtigt, d.h. in lateraler Richtung werden ebene Wellenfronten angenommen. Für jede untersuchte Gittergeometrie wurde jeweils die Wellenlänge im Bereich von 1050 nm bis 1065 nm mit einer Diskretisierung von $\Delta\lambda = 5$ pm variiert und somit Reflexionsspektren wie in Abb. 4.4 (a) bestimmt. Die maximale Reflektivität wurden über die entsprechenden Gitterparameter aufgetragen um die für Vertikalstruktur optimalen Gitterparameter zu bestimmen.

Tab. B.1: In der Simulation der DBRs verwendete Brechungsindizes n und Schichtdicken d. Schichten mit komplexen Dicken sind PMLs.

Schnitt 1		Schnitt 2		Schnitt 3	
n	d [μm]	n	d [μm]	n	d [μm]
1.95	2-i0.1			1	2-i0.1
3.238	0.1	1.95	2-i0.1	1	1.9-d_{res}
3.289	1	1.95	1.9-d_{res}	1.95	0.1
3.333	0.8	3.333	d_{res}	3.333	d_{res}
3.515	0.046	3.515	0.046	3.515	0.046
3.333	4	3.333	4	3.333	4
3.317	0.53	3.317	0.53	3.317	0.53
3.317	2-i0.1	3.317	2-i0.1	3.317	2-i0.1

B.1.2 Simulation gewinngeführter Arrays

Bei der Simulation der gewinngeführten Arrays in Kapitel 3.2 wird angenommen, dass sich das Brechzahlprofil in longitudinaler Richtung nicht ändern. Anders als in den Gittersimulationen werden also nur die Eigenmoden eines Schnittes berechnet. Dieser setzt sich aus den in Abb. 3.7 dargestellten Brechzahlprofilen, welche jeweils aus 246 homogenen Schichten von jeweils $2\,\mu$m bestehen sowie einer PML an beiden Rändern zusammengesetzt. Als Randbedingungen wurden ebenfalls elektrisch leitende Wände (PEC) angenommen.

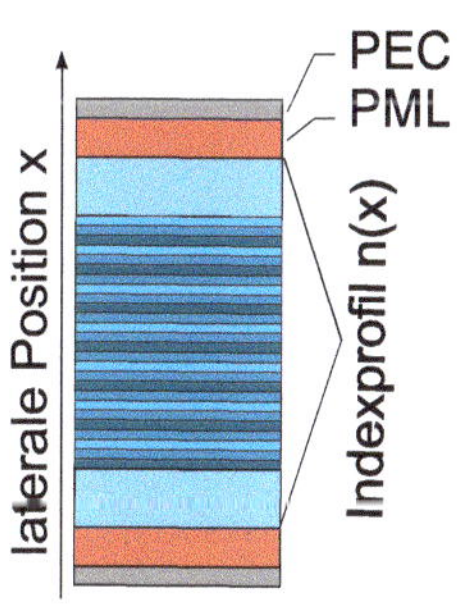

Abb. B.2: Schematische Darstellung der Simulation von Laserarrays mit CAMFR

B.2 Zeitabhängige paraxiale Wellengleichung: WIAS-LASER

Zur Simulation der Wechselwirkung von optischem Feld und dem Gewinnmedium wurde das numerische Werkzeug WIAS-LASER verwendet, welches am Weistrass Institut in Berlin von Mark Lichtner entwickelt wurde. Es beruht auf der paraxialen Wellengleichung in quasi-monochromatischer Näherung und wird zur Beschreibung der eingehenden Parameter im folgenden kurz skizziert. Eine ausführliche Beschreibung würde den Rahmen dieser Arbeit deutlich sprengen.

Zur Beschreibung der Zeitabhängigkeit des optischen Feldes in quasi-monochromatischer Näherung, d.h. in einem kleinen Frequenzbereich

$$\Delta\omega = |\omega_0 - \omega| << \omega_0 \tag{B.1}$$

um die Referenzfrequenz ω_0, wird folgende Entwicklung für die Wellenzahl der monochromatischen paraxialen Wellengleichung (1.9) gewählt:

$$k(\omega) = k(\omega_0) + \left.\frac{\partial k}{\partial \omega}\right|_{\omega_0} \Delta\omega + \delta k(\omega). \tag{B.2}$$

$\partial k/\partial\omega = 1/v_g$ ist die reell zu wählende, inverse Gruppengschwindigkeit und der Term $\delta k(\omega)$ beschreibt den nichtlinearen Anteil der Polarisation. Dieser wird zur Modellierung die Gewinndispersion im aktiven Medium als Lorentz-Verteilung gewählt [79]. Für $k \approx k_z$ vereinfacht sich die paraxiale Wellengleichung (1.9) zu

$$-\frac{i}{2k_z}\frac{\partial^2 E^{\pm}_{\omega}}{\partial x^2} \mp \frac{\partial E^{\pm}_{\omega}}{\partial z} - i(k(\omega) - k_z)E^{\pm}_{\omega} = 0. \tag{B.3}$$

Die Rücktransformation in die Zeitdomäne geschieht über inverse Fourier-Transformation bzgl. $\Delta\omega$

$$E^{\pm}(t) = \frac{1}{2\pi}\int E^{\pm}_{\omega} e^{i\Delta\omega t} d\Delta\omega. \tag{B.4}$$

Dabei ergibt sich für den linearen Frequenzterm der Entwicklung des Propagationsfaktors (B.2)

$$\frac{1}{2\pi}\int \Delta\omega E^{\pm}_{\omega} e^{i\Delta\omega t} d\Delta\omega = \frac{1}{2\pi}\int -iE^{\pm}_{\omega}\frac{\partial}{\partial t} e^{i\Delta\omega t} d\Delta\omega = -i\frac{\partial E^{\pm}(t)}{\partial t}. \tag{B.5}$$

So ergeben sich die zeitabhängigen paraxialen Wellengleichungen für das bidirektional propagierende elektrische Feld

$$-\frac{i}{2k_z}\frac{\partial^2 E^{\pm}}{\partial x^2} + \frac{\partial E^{\pm}}{\partial z} - \frac{\partial E^{\pm}}{\partial t} - i(k(\omega_0) - k_z)E^{\pm} - i\kappa E^{\pm} - \frac{\bar{g}}{2}(E^{\pm} - P^{\pm}) + F^{\pm}_{sp} = 0 \tag{B.6}$$

gekoppelt an die Gleichungen für die langsam veränderlichen Amplituden der Polarisation

$$\frac{\partial P^{\pm}}{\partial t} = \bar{\gamma}(E^{\pm} - P^{\pm}) + i\bar{\omega}P^{\pm}. \tag{B.7}$$

Der Propagationsparameter wird durch drei Summanden bestimmt

$$\Delta k = k(\omega_0) - k_z = \delta_0(x,z) + \delta_n + i\frac{g(x,z,N,E) - \alpha(x,z)}{2}. \tag{B.8}$$

Der eingeprägten Änderung der dielektrischen Funktion δ_0, dem Ladungsträgerdichteabhängigen Anteil

$$\delta_N(x,z,N) = -k(\omega_0)\sqrt{n'(x,z)N(t,x,z)}, \tag{B.9}$$

sowie einem vom optischen Gewinn

$$g(x,z,N,E) = g'(x,z)\frac{ln(N(t,x,z)/N_{tr})}{1+\epsilon\,|E|^2} \tag{B.10}$$

abhängigen komplexen Anteil. Der Kopplungskoeffizient κ beschreibt die Kopplung von vorwärts und rückwärts laufenden Feld in Regionen mit periodisch moduliertem Brechzahlprofil (Bragg-Gittern). Die Parameter $\bar{g}$, $\bar{\lambda} = \frac{\bar{\lambda}_0}{k_0 c_0}\bar{\omega}$ und $\bar{\Gamma} = 2\frac{\lambda_0}{k_o c_0}\bar{\gamma}$ sind die Amplitude, Verschiebung des Maximums in Bezug auf λ_0 und Halbwertsbreite der Lorentzverteilung, die das Gewinnspektrum modelliert. F_{sp} modelliert den Anteil der strahlenden spontanen Emission. Elektrisches Feld E und Polarisation P sind an die Ladungsträgerdichte N gekoppelt, deren Dynamik über die Diffusionsgleichung

$$\frac{\partial N}{\partial t} = D_N\frac{\partial^2 N}{\partial x^2} + \frac{J}{qd} - R(N) - R_{\text{stim}}(E,P,g) \tag{B.11}$$

beschrieben wird. Dabei ist nur Diffusion in x-Richtung berücksichtigt, longitudinale Diffusion wird vernachlässigt. Die Rate der strahlenden und nicht-strahlenden, spontanen Rekombination ist durch $R(N) = AN + BN^2 + CN^3$ gegeben, die genaue Beschreibung der stimulierten Rekombination R_{stim} kann in [80] nachgeschlagen werden.

Die Werte aller zur Simulation der FATURL der Struktur B verwendeten Parameter und deren Beschreibung sind in Tabelle B.2 aufgeführt. Ein Teil der Parameter wurde direkt experimentell bestimmt (α, λ, A), ein Teil durch Anpassung des Modells an experimentelle Ergebnisse justiert (g', N_{tr}), ein Teil wurde berechnet $(\bar{n}, n_g, \delta_0, \kappa, \bar{g}, \bar{\Gamma}, \bar{\lambda}_0)$[1] [36] und ein Teil (D_N, B, C) Literaturquellen [81] entnommen.

[1]Die Rechnungen wurden von H. Wenzel am Ferdinand-Braun Institut Berlin durchgeführt

Tab. B.2: Parameters zur Simulation der FATURL der Struktur C

Symbol	Beschreibung	Einheit	Wert
$\overline{n}$	Referenz Brechungsindex		3.27
n_g	Gruppenindex		3.6627
λ_0	zentrale Wellenlänge	m	$1060 \cdot 10^{-9}$
$\kappa(x,z)$	Kopplungs Koeffizient		
	$(x,z) \in$ DBR	m^{-1}	3500
	$(x,z) \in$ sonst	m^{-1}	0
	Gewinndispersion Lorentz-Verteilung:		
$\overline{g}$	Amplitude	m^{-1}	14400
$\overline{\Gamma}$	Halbwertsbreite	m	$40 \cdot 10^{-9}$
$\overline{\lambda}_0$	Verschiebung des Maximums bzgl λ_0	m	0
δ_0	Indexsprung (DBR)	m^{-1}	-31400
$g'(x,z)$	differentieller Gewinn	m^{-1}	3600
$\alpha(x,z)$	interne Absorption		
	$(x,z) \in \{$DBR$\}$	m^{-1}	500
	$(x,z) \in \{$sonst$\}$	m^{-1}	140
N_{tr}	Transparenz-Ladungsträgerdichte	m^{-3}	$1.3 \cdot 10^{24}$
ϵ	nichtlineare Gewinnkompression	m^3	0
n'	differentieller Index	m^3	$1.1 \cdot 10^{-31}$
D_N	Ladungsträger-Diffusionskoeffizient	$m^2 s^{-1}$	$25 \cdot 10^{-4}$
d	Dicke der aktiven Region	m	$21 \cdot 10^{-9}$
A	linearer Rekombinationsparameter	s^{-1}	$3.3 \cdot 10^8$
B	quadratischer Rekombinationsparameter	$m^3 s^{-1}$	$1 \cdot 10^{-16}$
C	kubischer Rekombinationsparameter	$m^6 s^{-1}$	$4 \cdot 10^{-42}$

B.3 Propagator-Methode: Matlab/Python-Skript

Zur numerischen Bestimmung der Resonatormoden nach der in Kapitel 1.3 vorgestellten Propagator-Methode wurde die Integralgleichung (1.42) durch räumliche Diskretisierung in eine Vektoreigenwertgleichung überführt. Diese wurde mit den Funktionen des kommerziellen Programmpakets MATLAB, bzw. der freien Erweiterung der Skriptsprache Python, Numpy, gelöst. Die räumliche Diskretisierung muss dabei genügend fein gewählt werden, Siegman [31] gibt als Erfahrungswert etwa $6N$ bis $10N$ an, wobei N die Fresnelzahl des Resonators ist. Bei den in dieser Arbeit durchgeführten Untersuchung von Resonatoren mit $N < 10$ wurde eine Diskretisierung der lateralen Ausdehnung von $400\,\mu$m in 400 Punkte vorgenommen.

Listing B.1: Propagator-Methode mit Matlab

```
function [ewert,evekt]=FoxLi(D1,D2)
%D1 halbe Breite finiter Auskoppelspiegel [um]
%D2 halbe Breite finiter Rückspiegel [um]

neff=3.332; % eff Brechzahl aus Camfr-Rechnung
l=1.06/neff;%Wellenlänge im Medium [um]
L=3500;     % effektive Resonatorlänge [um]
D0=200;     %1/2 Resonator Gesamtbreite [um]
r0=0.01;    %Restreflektivität Facette (Amplitudenrefl.)
r1=0.7211; %Reflektivität finiter Auskoppelspiegel (Amplitudenrefl.)
r2=0.911;  %Reflektivität finiter Rückspiegel (Amplitudenrefl.)
Dis=1;      %Diskretisierung #/um
x0=-D0:1/Dis:D0; x1=-D1:1/Dis:D1; x2=-D2:1/Dis:D2;


%---Propagation Auskoppelfacette <-> Rückfacette
for m=1:length(x0);
   for n=1:length(x0);
      KP(m,n)=sqrt(1i/(L*l))*exp(-1i*pi*(x0(m)-x0(n))^2/(L*l))*(1/Dis).^2;
   end;
end;
%---Apertur Rückfacette---%
R2(1:((length(x0)-length(x2))/2))=r0;
R2(((length(x0)-length(x2))/2)+1:((length(x0)-length(x2))/2+length(x2)))=r2;
```

```
R2(((length(x0)-length(x2))/2+length(x2))+1:length(x0))=r0;
KA2=diag(R2);
%---Apertur Auskopplefacette---%
R1(1:((length(x0)-length(x1))/2))=r0;
R1(((length(x0)-length(x1))/2)+1:((length(x0)-length(x1))/2+length(x1)))=r1;
R1(((length(x0)-length(x1))/2+length(x1))+1:length(x0))=r0;
KA1=diag(R1);
%---Zusammensetzung des Umlauf-Kernl und Eigenwertberechnnung
G=KP*KA2*KP*KA1;
ewert=eigs(G,10); %Eigenwerte des Kernl
[evekt,dummy]=eigs(G,10); %Eigenvektoren des Kernl
```

Listing B.2: Propagator-Methode mit Python

```
#!/usr/bin/python
# Filename: FoxLi.py
from numpy import *
import numpy.linalg as la

neff=3.332     # eff Brechzahl aus Camfr-Rechnung
l=1.06/neff    #Wellenlänge im Medium [um]
L=3500.0       # effektive Resonatorlänge [um]
D0=200         #1/2 Resonator Gesamtbreite [um]
r0=0.01   #Restreflektivität Facette (Amplitudenrefl.)
r1=0.7211 #Reflektivität finiter Auskoppelspiegel (Amplitudenrefl.)
r2=0.911   #Reflektivität finiter Rückspiegel (Amplitudenrefl.)
Dis=1.0     #Diskretisierung #/um

x0=arange(-D0,D0,1/Dis)
Kprop =array(zeros((len(x0),len(x0))),dtype=complex)
R1 =array(zeros(len(x0)),dtype=complex)
R2 =array(zeros(len(x0)),dtype=complex)
eigvals = []
eigvects =[]

#---Propagation Auskoppelfacette <-> Rückfacette
for m in arange(0,len(x0)-1):
```

```
    for n in arange(0,len(x0)-1):
        Kprop[m,n]=sqrt(1j/(L*l))*exp(-1j*pi*(x0[m]-x0[n])**2/(L*l))/Dis

def FATURL(D1,D2):
    x1=arange(-D1,D1,1/Dis)
    x2=arange(-D2,D2,1/Dis)
    #---Apertur Rückfacette---#
    R2[0:(len(x0)-len(x2))/2-1]=r2
    R2[(len(x0)-len(x2))/2:(len(x0)-len(x2))/2+len(x2)-1]=r3
    R2[(len(x0)-len(x2))/2+len(x2):len(x0)-1]=r2
    KA2=diag(R2)
    #---Apertur Auskopplefacette---#
    R1[0:(len(x0)-len(x1))/2-1]=r0
    R1[(len(x0)-len(x1))/2:(len(x0)-len(x1))/2+len(x1)-1]=r1
    R1[(len(x0)-len(x1))/2+len(x1): len(x0)-1]=r0
    KA1=diag(R1)
    #---Zusammensetzung des Umlauf-Kernl und Eigenwertberechnnung---#
    G=(dot(Kprop,(dot(KA2,dot(Kprop,KA1)))))
    eigvals,eigvects =linalg.eig(G)
    #---Sortierung nach Betrag der Eigenwerte---#
    ind = argsort(abs(eigvals))
    eigvals = eigvals[ind[::-1]]
    eigvects = eigvects[:, ind[::-1]]

    return eigvals
```

Publikationsliste

Die in dieser Arbeit präsentierten Ergebnisse wurden teilweise bereits veröffentlicht

Zeitschriftenbeiträge

1. M. Spreemann, M. Lichtner, M. Radziunas, U. Bandelow, H. Wenzel , "Measurement and Simulation of Distributed-Feedback Tapered Master-Oscillator Power Amplifiers," *IEEE J. Quantum. Electron.*, vol. 45, no. 6, pp. 609–616, 2009.

2. M. Spreemann, B. Eppich, F. Schnieder, H. Wenzel, G. Erbert , "Modal Behavior, Spatial Coherence, and Beam Quality of a High-Power Gain-Guided Laser Array," *IEEE J. Quantum. Electron.*, vol. 46, no. 11, pp. 1619–1625, 2010.

3. M. Spreemann, B. Eppich, H. Wenzel, M. Lichtner, G. Erbert , "Novel Approach to Finite-Aperture Tapered Unstable Resonator Lasers," *IEEE J. Quantum. Electron.*, vol. 47, no. 1, pp. 117–125, 2011.

Konferenzbeiträge

1. M. Spreemann, B. Eppich, H. Wenzel, G. Erbert , "Beam properties of gain-guided array structures from low to high power operation," *ICLEO Europe - EQEC 2009*, paper CB-P.34-TUE, 2009

2. M. Spreemann, B. Eppich, H. Wenzel, M. Lichtner, G. Erbert , "A novel Approach to Finite-Aperture Tapered Unstable Resonator Lasers," *Proc. SPIE*, vol. 7953, no. 79531I, 2011.

Patentanmeldungen

1. G. Erbert, M. Spreemann, J. Fricke,, “Diode laser and laser resonator for a diode laser having improved lateral beam quality,” PCT/EP2010/062256, 24.02.2011 .

Literaturverzeichnis

[1] G. Overton, S. G. Anderson, D. A. Belforte, and T. Hausken, "Annual review and forecast," *Laser Focus World*, 2011.

[2] R. Diehl, Ed., *High-Power Diode Lasers: Fundamentals, Technology, Applications.* Springer Berlin Heidelberg, 2000.

[3] L. A. Coldren and S. W. Corzine, *Diode Lasers and Photonic Integrated Circuits.*, K. Chang, Ed. New York, USA: John Wiley & Sons, 1995.

[4] N. Carlson, *Monolithic Diode-Laser Arrays*, A. Schawlow, Ed. Berlin, Germany: Springer-Verlag, 1994.

[5] G. Thompson, "A theory for filamentation in semiconductor lasers including the dependence of dielectric constant on injected carrier density," *Opt. Quant. Electron.*, vol. 4, pp. 257–310, 1972.

[6] J. B. Delaney and J. K. Butler, "Effect of device geometry on lateral-mode content of stripe geometry lasers," *IEEE J. Quantum. Electron.*, vol. 15, no. 8, pp. 750–755, 1979.

[7] P. Eliseev, "Stripe-geometry lasers and their properties," *Czech. J. Phys.*, vol. 30, no. 3, pp. 300–&, 1980.

[8] D. Mehuys, R. J. Lang, M. Mittelstein, J. Salzman, and A. Yariv, "Self-stabilized nonlinear lateral-modes of broad area lasers," *IEEE J. Quantum. Electron.*, vol. 23, no. 11, pp. 1909–1920, 1987.

[9] A. H. Paxton and G. C. Dente, "Filament formation in semiconductor-laser gain regions," *J. Appl. Phys.*, vol. 70, no. 6, pp. 2921–2925, 1991.

[10] R. J. Lang, A. G. Larsson, and J. G. Cody, "Lateral-modes of broad area semiconductor-lasers - theory and experiment," *IEEE J. Quantum Electron.*, vol. 27, no. 3, pp. 312–320, 1991.

[11] J. R. Marciante and G. P. Agrawal, "Nonlinear mechanisms of filamentation in broad-area semiconductor lasers," *IEEE J. Quantum Electron.*, vol. 32, no. 4, pp. 590–596, 1996.

[12] H. Wenzel, F. Bugge, M. Dallmer, F. Dittmar, J. Fricke, K. Hasler, and G. Erbert, "Fundamental-lateral mode stabilized high-power ridge-waveguide lasers with a low beam divergence,"*IEEE Photonic. Tech. L.*, vol. 20, no. 3, pp. 214–216, Feb.1, 2008.

[13] P. Crump, G. Blume, K. Paschke, R. Staske, A. Pietrzak, U. Zeimer, S. Einfeldt, A. Ginolas, F. Bugge, K. Hausler, P. Ressel, H. Wenzel, and G. Erbert, "20W continuous wave reliable operation of 980nm broad-area single emitter diode lasers with an aperture of 96 mu m," in *Proc. SPIE 7198*, 2009.

[14] W. Pittroff, G. Erbert, G. Beister, F. Bugge, A. Klein, A. Knauer, J. Maege, P. Ressel, J. Sebastian, R. Staske, and G. Traenkle, "Mounting of high power laser diodes on boron nitride heat sinks using an optimized Au/Sn metallurgy," *IEEE Trans. Adv. Pack.*, vol. 24, no. 4, pp. 434–441, 2001.

[15] D. S. D. Botez, Ed., *Diode Laser Arrays (Cambridge Studies in Modern Optics)*. Cambridge University Press, 1994.

[16] M. Spreemann, B. Eppich, F. Schnieder, H. Wenzel, and G. Erbert, "Modal behavior, spatial coherence, and beam quality of a high-power gain-guided laser array," *IEEE J. Quantum. Electron.*, vol. 46, pp. 1619 – 1625, 2010.

[17] A. E. Siegman and R. Arrathoon, "Modes in unstable optical resonators and lens waveguides," *IEEE J. Quantum. Electron.*, vol. 3, no. 4, pp. 156–163, 1967.

[18] J. Salzman, T. Venkatesan, R. Lang, M. Mittelstein, and A. Yariv, "Unstable-resonator-cavity semiconductor-lasers," *J. Opt. Soc. Am. A*, vol. 1, no. 12, p. 1336, 1984.

[19] S. A. Biellak, G. Fanning, Y. Sun, S. S. Wong, and A. E. Siegman, "Reactive-ion-etched diffraction-limited unstable resonator semiconductor lasers," *IEEE J. Quantum. Electron.*, vol. 33, no. 2, pp. 219–230, 1997.

[20] R. J. Lang, "Design of aberration-corrected curved-mirror and curved-grating unstable resonator diode-lasers," *IEEE J. Quantum. Electron.*, vol. 30, no. 1, pp. 31–36, 1994.

[21] N. Eriksson, P. Modh, and A. Larsson, "Design optimization of a hyperbolic unstable-resonator semiconductor laser," *IEEE J. Quantum. Electron.*, vol. 37, no. 8, pp. 1095–1102, 2001.

[22] D. A. Yanson, E. U. Rafailov, G. S. Sokolovskii, V. I. Kuchinskii, A. C. Bryce, J. H. Marsh, and W. Sibbett, "Self-focused distributed bragg reflector laser diodes," *J. Appl. Phys.*, vol. 95, no. 3, pp. 1502–1509, 2004.

[23] J. N. Walpole, "Semiconductor amplifiers and lasers with tapered gain regions," *Opt. Quantum. Electron.*, vol. 28, no. 6, pp. 623–645, 1996.

[24] C. Fiebig, G. Blume, C. Kaspari, D. Feise, J. Fricke, M. Matalla, W. John, H. Wenzel, K. Paschke, and G. Erbert, "12W high-brightness single-frequency dbr tapered diode laser," *Electron. Lett.*, vol. 44, no. 21, pp. 1253–1255, 2008.

[25] A. E. Siegman, *Lasers.* Mill Valley, California, USA: University Science Books, 1986.

[26] H. Kogelnik and T. Li, "Laser beams and resonators," *Appl. Opt.*, vol. 5, no. 10, pp. 1550–1567, 1966.

[27] N. Hodgson and H. Weber, *Laser Resonators and Beam Propagation: Fundamentals, Advanced Concepts and Applications.* Berlin, Germany: Springer-Verlag, 2005.

[28] R. Sanderson and W. Streifer, "Unstable laser resonator modes," *Appl. Opt.*, vol. 8, no. 10, pp. 2129–&, 1969.

[29] Y. A. Anan'ev, *Laser Resonators and the Beam Divergence Problem.* New York, USA: Adam Hilger, 1992.

[30] A. Fox and T. Li, "Resonant modes in a maser interferometer," *Bell Syst. Tech. J.*, vol. 40, no. 2, pp. 453+, 1961.

[31] A. E. Siegman and H. Y. Miller, "Unstable optical resonator loss calculations using the prony method," *Appl. Opt.*, vol. 9, p. 2729, 1970.

[32] S. Zaidi and D. Macfarlane, "Mode evolution in optical resonators with a radial gain profile," *Phys. Rev. A*, vol. 47, no. 1, pp. 588–596, 1993.

[33] A. Isaev, M. Kazaryan, G. Petrash, and S. Rautian, "Converging beams in unstable telescopic resonators," *Sov. J. Quantum Electron.*, vol. 4, p. 761, 1974.

[34] E. Voges, *Optische Kommunikationstechnik : Handbuch für Wissenschaft und Industrie.* Berlin, Germany: Springer-Verlag, 2002.

[35] S. R. Bennett, B.R. and J. Delalamo, "Carrier-induced change in refractive-index of InP, GaAs and InGaAsP," *IEEE J. Quantum. Electron.*, vol. 26, no. 1, pp. 113–122, 1990.

[36] H. Wenzel, G. Erbert, and P. Enders, "Improved theory of the refractive-index change in quantum-well lasers," *IEEE J. Sel. Topics in Quantum Electron.*, vol. 5, no. 3, pp. 637–642, 1999.

[37] H. Wenzel, M. Dallmer, and G. Erbert, "Thermal lensing in high-power ridge-waveguide lasers," *Opt. Quant. Electron.*, vol. 40, no. 5-6, pp. 379–384, 2008.

[38] A. I. Bawamia, B. Eppich, K. Paschke, H. Wenzel, F. Schnieder, G. Erbert, and G. Trankle, "Experimental determination of the thermal lens parameters in a broad area semiconductor laser amplifier," *Appl. Phys. B.*, vol. 97, pp. 95–101, 2009.

[39] G. P. Agrawal, "Lateral analysis of quasi-index-guided injection-lasers - transition from gain to index guiding," *J. Lightwave Technol.*, vol. 2, no. 4, pp. 537–543, 1984.

[40] G. C. Dente, "Low confinement factors for suppressed filaments in semiconductor lasers," *IEEE J. Quantum. Electron.*, vol. 37, no. 12, pp. 1650–1653, 2001.

[41] D. Scholz, H. Braun, U. T. Schwarz, S. Brueninghoff, D. Queren, A. Lell, and U. Strauss, "Measurement and simulation of filamentation in (Al,In)GaN laser diodes," *Opt. Express*, vol. 16, no. 10, pp. 6846–6859, 2008.

[42] J. O'Callaghan, J. Houlihan, V. Voignier, G. Wu, E. O'Neill, J. McInerney, and G. Huyet, "Spatial coherence and thermal lensing in broad-area semiconductor lasers," *IEEE J. Quantum Electron.*, vol. 40, no. 1, pp. 1–9, 2004.

[43] B. Jensen and A. TorabiI, "Temperature and intensity dependence of the refractive-index of a compound semiconductor," *J. Opt. Soc. Am. B*, vol. 2, no. 9, pp. 1395–1401, 1985.

[44] E. Wolf, "Spatial coherence of resonant modes in a maser interferometer," *Phys. Lett.*, vol. 3, no. 4, pp. 166 – 168, 1963.

[45] E. Wolf and G. S. Agarwal, "Coherence theory of laser resonator modes," *J. Opt. Soc. Am. A*, vol. 1, no. 5, pp. 541–546, 1984.

[46] M. Born and E. Wolf, *Principles of Optics.* Oxford, UK: Peramon, 1993.

[47] L. Mandel and E. Wolf, "Coherence properties of optical fields," *Rev. Mod. Phys.*, vol. 37, no. 2, pp. 231–287, 1965.

[48] B. Saleh and J. Minkowski, "On the spatial coherence of laser beams," *Journal of Physics A: Mathematical and General*, vol. 8, no. 1, p. 120, 1975.

[49] A. S. Ostrovsky, *Coherent-Mode Representations in Optics.* Belingham, Washington, USA: SPIE Press, 2006.

[50] T. Saastamoinen, J. Turunen, J. Tervo, T. Setälä, and A. T. Friberg, "Electromagnetic coherence theory of laser resonator modes," *J. Opt. Soc. Am. A*, vol. 22, no. 1, pp. 103–108, 2005.

[51] R. Gase, "The wigner distribution function applied to laser-radiation," *Opt. Quant. Electron.*, vol. 24, no. 9, pp. 1109–1118, 992.

[52] Z. Zhang and M. Levoy, "Wigner distributions and how they relate to the light field," in *Proc. IEEE International Conference on Computational Photography, April*, 2009.

[53] M. J. Bastiaans, "Wigner distribution function and its application to first-order optics," *J. Opt. Soc. Am.*, vol. 69, no. 12, pp. 1710–1716, 1979.

[54] M. J. Bastiaans, "Application of the wigner distribution function to partially coherent light," *J. Opt. Soc. Am. A*, vol. 3, no. 8, pp. 1227–1238, 1986.

[55] C.-H. Lee, Y. Kang, and J. Noh, "Measurement of coherence and beam parameter of a propagating laser beam by using wigner distribution function measurement," *Appl. Phys. Express*, vol. 2, no. 3, 2009.

[56] Z. Zhang and M. Levoy, "Wigner distributions and how they relate to the light field," in *IEEE International Conference on Computational Photography*, 2009.

[57] M. J. Bastiaans, "Applications of the wigner distribution function to partially coherent light beams," in *Selected Paper From International Conference On Optics And Optoelectronics '98 - Silver Jubilee Symposium Of The Optical Society Of India*, vol. 3729, 1999, pp. 114–128.

[58] K. Du, G. Herziger, P. Loosen, and F. Ruhl, "Coherence and intensity moments of laser-light," *Opt. Quant. Electron.*, vol. 24, pp. 1081–1093, 1992.

[59] R. Luneburg, *Mathematical theory of optics.* University of California Press, 1964.

[60] B. Anderson and P. Fuhr, "Twin-fiber interferometric method for measuring spatial coherence," *Opt. Eng.*, vol. 32, no. 5, pp. 926–932, 1993.

[61] D. McAlister, M. Beck, L. Clarke, A. Mayer, and M. G. Raymer, "Optical phase retrieval by phase-space tomography and fractional-order fourier transforms," *Opt. Lett.*, vol. 20, no. 10, pp. 1181–1183, 1995.

[62] B. Eppich and N. Reng, "Measurement of the wigner distribution function based on the inverse radon transformation," in *Society of Photo-Optical Instrumentation Engineers (SPIE) Conference Series*, vol. 2375, 1995, pp. 261–268.

[63] N. Reng and B. Eppich, "Definition and measurements of high-power laser-beam parameters," *Opt. Quantum. Electron.*, vol. 24, no. 9, pp. 973–992, 1992.

[64] J. Eichler, L. Dünkel, and B. Eppich, "Die Strahlqualität von Lasern, wie bestimmt man Beugungsmaßzahl und Strahldurchmesser in der Praxis?" *Laser Technik Journal*, vol. 2, pp. 63–66, 2004.

[65] A. E. Siegman, G. Nemes, and J. Serna, "How to (maybe) measure laser beam quality," in *DPSS (Diode Pumped Solid State) Lasers: Applications and Issues*. Optical Society of America, 1998.

[66] A. Pietrzak, P. Crump, F. Bugge, H. Wenzel, G. Erbert, and G. Trankle, "1060 nm multi quantum well diode lasers with narrow vertical divergence angle of 8° and high internal efficiency," in *Proc. and 2009 Conference on Quantum Electronics and Laser Science Conference Lasers and Electro-Optics CLEO/QELS*, 2009.

[67] P. Crump, C. Roder, R. Staske, A. Pietrzak, W. Pittroff, A. Ginolas, J. Fricke, K. Paschke, F. Bugge, P. Ressel, H. Wenzel, and G. Erbert, "Limitations to peak continuous wave power in high power broad area single emitter 980 nm diode lasers," in *Proc. Lasers and Electro-Optics 2009 and the European Quantum Electronics Conference. CLEO Europe - EQEC*, 2009.

[68] C. Fiebig, G. Blume, M. Uebernickel, D. Feise, C. Kaspari, K. Paschke, J. Fricke, H. Wenzel, and G. Erbert, "High-power DBR-tapered laser at 980 nm for single-path second harmonic generation," *IEEE J. Sel. Topics in Quantum Electron.*, vol. 15, no. 3, pp. 978–983, 2009.

[69] R. Bedford and M. Fallahi, "Semiconductor unstable resonators with laterally finite mirrors," *IEEE J. Quantum. Electron.*, vol. 38, no. 7, pp. 716–723, 2002.

[70] R. Bedford, M. Schillgalies, and M. Fallahi, "Demonstration of finite-aperture tapered unstable resonator lasers," *Appl. Phys. Lett.*, vol. 83, no. 5, pp. 822–824, 2003.

[71] J. Fricke, H. Wenzel, M. Matalla, A. Klehr, and G. Erbert, "980nm DBR lasers using higher order gratings defined by i-line lithography," *Semicond. Sci. Tech.*, vol. 20, no. 11, pp. 1149–1152, 2005.

[72] U. Menzel, "Self-consistent calculation of facet heating in asymmetrically coated edge emitting diode lasers," *Semicond. Sci. Tech.*, vol. 13, no. 3, pp. 265–276, 1998.

[73] A. E. Siegman and S. W. Townsend, "Output beam propagation and beam quality from a multimode stable-cavity laser," *IEEE J. Quantum. Electron.*, vol. 29, no. 4, pp. 1212–1218, 1993.

[74] A. E. Siegman, "Defining the effective radius of curvature for a nonideal optical beam," *IEEE J. Quantum. Electron.*, vol. 27, no. 5, pp. 1146–1148, 1991.

[75] H. Weber, "Propagation of higher-order intensity moments in quadratic-index media," *Opt. Quantum. Electron.*, vol. 24, no. 9, pp. 1027–1049, 1992.

[76] A. Bawamia, B. Eppich, K. Paschke, H. Wenzel, G. Erbert, and G. Trankle, "Determination of the thermal lensing in a broad area semiconductor laser amplifier," in *Proc. Lasers and Electro-Optics 2009 and the European Quantum Electronics Conference. CLEO Europe - EQEC*, 2009.

[77] P. Bienstman, "Rigorous and efficient modelling of wavelength scale photonic components," Ph.D. dissertation, Universität Gent, 2000.

[78] P. Bienstman, M. Vanholme, M. Ibanescu, P. Dumonm, and R. Baets, "Camfr - cavity modeling framework," [Online]. Avialable: http://camfr.sourceforge.net/.

[79] U. Bandelow, M. Radziunas, J. Sieber, and M. Wolfrum, "Impact of gain dispersion on the spatio-temporal dynamics of multisection lasers," *IEEE J. Quantum Electron.*, vol. 37, no. 2, pp. 183–188, 2001.

[80] M. Lichtner, M. Radziunas, U. Bandelow, M. Spreemann, and H. Wenzel, "Dynamic simulation of high brightness semiconductor lasers," in *Proc. International Conference on Numerical Simulation of Optoelectronic Devices NUSOD '08*, 2008, pp. 65–66.

[81] J. Piprek, *Semiconductor Optoelectronic Devices: Introduction to Physics and Simulation.* London, UK: Academic Press Inc, 2003.

Innovationen mit Mikrowellen und Licht
Forschungsberichte aus dem Ferdinand-Braun-Institut
Leibniz-Institut für Höchstfrequenztechnik

Herausgeber: Prof. Dr. G. Tränkle, Prof. Dr.-Ing. W. Heinrich

Band 1: **Thorsten Tischler**
Die Perfectly-Matched-Layer-Randbedingung in der Finite-Differenzen-Methode im Frequenzbereich: Implementierung und Einsatzbereiche
ISBN: 3-86537-113-2, 19,00 EUR, 144 Seiten

Band 2: **Friedrich Lenk**
Monolithische GaAs FET- und HBT-Oszillatoren mit verbesserter Transistormodellierung
ISBN: 3-86537-107-8, 19,00 EUR, 140 Seiten

Band 3: **R. Doerner, M. Rudolph (eds.)**
Selected Topics on Microwave Measurements, Noise in Devices and Circuits, and Transistor Modeling
ISBN: 3-86537-328-3, 19,00 EUR, 130 Seiten

Band 4: **Matthias Schott**
Methoden zur Phasenrauschverbesserung von monolithischen Millimeterwellen-Oszillatoren
ISBN: 978-3-86727-774-0, 19,00 EUR, 134 Seiten

Band 5: **Katrin Paschke**
Hochleistungsdiodenlaser hoher spektraler Strahldichte mit geneigtem Bragg-Gitter als Modenfilter (α-DFB-Laser)
ISBN: 978-3-86727-775-7, 19,00 EUR, 128 Seiten

Band 6: **Andre Maaßdorf**
Entwicklung von GaAs-basierten Heterostruktur-Bipolartransistoren (HBTs) für Mikrowellenleistungszellen
ISBN: 978-3-86727-743-3, 23,00 EUR, 154 Seiten

Band 7: **Prodyut Kumar Talukder**
Finite-Difference-Frequency-Domain Simulation of Electrically Large Microwave Structures using PML and Internal Ports
ISBN: 978-3-86955-067-1, 19,00 EUR, 138 Seiten

Band 8: **Ibrahim Khalil**
Intermodulation Distortion in GaN HEMT
ISBN: 978-3-86955-188-3, 23,00 EUR, 158 Seiten

Band 9: **Martin Maiwald**
Halbleiterlaser basierte Mikrosystemlichtquellen für die Raman-Spektroskopie
ISBN: 978-3-86955-184-5, 19,00 EUR, 134 Seiten

Band 10: **Jens Flucke**
Mikrowellen-Schaltverstärker in GaN- und GaAs-Technologie Designgrundlagen und Komponenten
ISBN: 978-3-86955-304-7, 21,00 EUR, 122 Seiten

Cuvillier Verlag
Internationaler wissenschaftlicher Fachverlag

Innovationen mit Mikrowellen und Licht
Forschungsberichte aus dem Ferdinand-Braun-Institut Leibniz-Institut für Höchstfrequenztechnik

Herausgeber: Prof. Dr. G. Tränkle, Prof. Dr.-Ing. W. Heinrich

Band 11:	**Harald Klockenhoff** Optimiertes Design von Mikrowellen-Leistungstransistoren und Verstärkern im X-Band ISBN: 978-3-86955-391-7, 26,75 EUR, 130 Seiten
Band 12:	**Reza Pazirandeh** Monolithische GaAs FET- und HBT-Oszillatoren mit verbesserter Transistormodellierung ISBN: 978-3-86955-107-8, 19,00 EUR, 140 Seiten
Band 13:	**Tomas Krämer** High-Speed InP Heterojunction Bipolar Transistors and Integrated Circuits in Transferred Substrate Technology ISBN: 978-3-86955-393-1, 21,70 EUR, 140 Seiten
Band 14:	**Phuong Thanh Nguyen** Investigation of spectral characteristics of solitary diode lasers with integrated grating resonator ISBN: 978-3-86955-651-2, 24,00 EUR, 156 Seiten
Band 15:	**Sina Riecke** Flexible Generation of Picosecond Laser Pulses in the Infrared and Green Spectral Range by Gain-Switching of Semiconductor Lasers ISBN: 978-3-86955-652-9, 22,60 EUR, 136 Seiten
Band 16:	**Christian Hennig** Hydrid-Gasphasenepitaxie von versetzungsarmen und freistehenden GaN-Schichten ISBN: 978-3-86955-822-6, 27,00 EUR, 162 Seiten
Band 17:	**Tim Wernicke** Wachstum von nicht- und semipolaren InAlGaN-Heterostrukturen für hocheffiziente Licht-Emitter ISBN: 978-3-86955-881-3, 23,40 EUR, 138 Seiten
Band 18:	**Andreas Wentzel** Klasse-S Mikrowellen-Leistungsverstärker mit GaN-Transistoren ISBN: 978-3-86955-897-4, 29,65 EUR, 172 Seiten
Band 19:	**Veit Hoffmann** MOVPE growth and characterization of (In,Ga)N quantum structures for laser diodes emitting at 440 nm ISBN: 978-3-86955-989-6, 18,00 EUR, 118 Seiten
Band 20:	**Ahmad Ibrahim Bawamia** Improvement of the beam quality of high-power broad area semiconductor diode lasers by means of an external resonator ISBN: 978-3-95404-065-0, 21,00 EUR, 126 Seiten

Cuvillier Verlag
Internationaler wissenschaftlicher Fachverlag

Band 21: **Agnietzka Pietrzak**
Realization of High Power Diode Lasers with Extremely Narrow Vertical Divergence
ISBN: 978-3-95404-066-7, 27,40 EUR, 144 Seiten

Band 22: **Eldad Bahat-Treidel**
GaN-based HEMTs for High Voltage Operation
Design, Technology and Characterization
ISBN: 978-3-95404-094-0, 41,10 EUR, 220 Seiten

Band 23: **Ponky Ivo**
AlGaN/GaN HEMTs Reliability:
Degradation Modes and Anslysis
ISBN: 978-3-95404-259-3, 23,55 EUR, 132 Seiten

Band 24: **Stefan Spießberger**
Compact Semiconductor-Based Laser Sources
with Narrow Linewidth and High Output Power
ISBN: 978-3-95404-261-6, 24,15 EUR, 140 Seiten

Band 25: **Silvio Kühn**
Mikrowellenoszillatoren für die Erzeugung von atmosphärischen Mikroplasmen
ISBN: 978-3-95404-378-1, 21,85 EUR, 112 Seiten

Band 26: **Sven Schwertfeger**
Experimentelle Untersuchung der Modensynchronisation in Multisegment-Laserdioden zur Erzeugung kurzer optischer Pulse bei einer Wellenlänge von 920 nm
ISBN: 978-3-95404-471-9, 29,45 EUR, 150 Seiten

Band 27: **Christoph Matthias Schultz**
Analysis and mitigation of the factors limiting the effiency of high power distributed feedback diode lasers
ISBN: 978-3-95404-521-1, 68,40 EUR, 388 Seiten

Band 28: **Luca Redaelli**
Design and fabrication of GaN-based laser diodes for single-mode and narrow-linewidth applications
ISBN: 978-3-95404-586-0, 29,70 EUR, 176 Seiten

Cuvillier Verlag
Internationaler wissenschaftlicher Fachverlag